Rainer Flindt

Biologie in Zahlen

Biologie in Zahlen

Eine Datensammlung in Tabellen mit über 10.000 Einzelwerten

Von Rainer Flindt

5., durchgesehene Auflage

Spektrum Akademischer Verlag Heidelberg · Berlin

Anschrift des Autors:
Professor Dr. Rainer Flindt
Pädagogische Hochschule
Reuteallee 46
D-71634 Ludwigsburg

Die Deutsche Bibliothek – CIP-Einheitsaufnahme

Flindt, Rainer:
Biologie in Zahlen : eine Datensammlung in Tabellen mit über 10000 Einzelwerten / von Rainer Flindt. – 5. Aufl. – Heidelberg ; Berlin : Spektrum, Akad. Verl., 2000
ISBN 3-8274-0914-4

Umschlaggestaltung: Kurt Bitsch, Birkenau
Satz: Hechts Textverarbeitung, Neuhaus am Inn
Druck und Bindung: Pustet, Regensburg

Vorwort zur 1. Auflage

Die eigene Lehrtätigkeit brachte es mit sich, dass häufig vergleichende Daten aus den unterschiedlichsten Gebieten der Biologie benötigt wurden, um daran wichtige Sachverhalte und Gesetzmäßigkeiten zu erarbeiten und darzustellen. Um das immer aufs neue sehr zeitaufwendige Suchen zu beenden, wurden interessierende Werte und Tabellen gesammelt oder Daten selbst zu Tabellen zusammengestellt. Dies war die Grundlage für das Entstehen der vorliegenden Tabellensammlung. Sie soll helfen, die meistens weit verstreuten Daten schnell griffbereit zu haben.
Besonders Lehrende an Schulen und Hochschulen sollen mit diesen Tabellen angesprochen werden. Nach einer Untersuchung von Schülerfragen zu einem Themengebiet (Stenzel, Unterricht Biologie 24/25, 1978) richteten sich 24% aller Fragen auf die Morphologie, – besonders auf die Körpergröße (45%), das Gewicht (32%) und die Funktion bestimmter Körperteile –. Hier soll dem Lehrer die Möglichkeit gegeben werden, schnell die gefragten Werte zu finden. Andererseits sollen die Tabellen auch die Möglichkeit bieten, die z.B. während eines Praktikums selbst gemessenen Werte schnell mit den in der Literatur vorliegenden auf ihre Richtigkeit hin zu überprüfen.
Der Charakter der Tabellen ist in der Regel vergleichend, denn nur so ist es möglich, Gesetzmäßigkeiten innerhalb eines wichtigen biologischen Aspekts zu erkennen bzw. zu erarbeiten. Statistische Daten fehlen allerdings, da sie häufigen Veränderungen unterliegen.
Die Tabellen zielen nicht auf Vollständigkeit ab. Sowohl für die Art der Tabellen als auch für die Organismen in den Tabellen war eine Auswahl nötig. Bei den Tieren und Pflanzen wurden in der Hauptsache, soweit auffindbar, Werte für eine Reihe gängiger einheimischer Organismen gesucht und auch für solche, die häufig im Biologie-Unterricht oder in Praktika auftauchen. Diese Werte wurden, soweit erreichbar, durch Extremwerte und vom vergleichenden Standpunkt her interessante, ergänzt. Absolute Extreme sind in den Tabellen durch ein (!) hinter dem Wert gekennzeichnet.
Einige Tabellen wenden sich infolge ihrer speziellen Thematik ausschließlich an Biologen, der weitaus größte Teil wird aber auch manche interessante Einzelheit für einen Nicht-Fachmann bieten. Die meisten Tabellen bedürfen keiner großen Erläuterungen, da die Werte für sich sprechen. Deshalb ist grundsätzlich auf eine nähere textliche Erklärung verzichtet worden. Gelegentlich, besonders bei physiologischen Tabellen, erfolgen Hinweise auf weiterführende Literatur.
Tiere und Pflanzen sind in den Tabellen, soweit sich nicht eine Ordnung nach dem System oder der Größe anbot, alphabetisch geordnet. Dies ist in den Tabellen jeweils vermerkt.

Ludwigsburg, 1985 R. Flindt

Vorwort zur 5. Auflage

Dass eine 5. Auflage dieses Buches erscheinen kann, zeigt, dass das Konzept für den gewählten Adressatenkreis im Wesentlichen richtig war. Diese Auflage hat deswegen gegenüber der 4. nur insofern Änderungen erfahren, als Zahlen und Unrichtigkeiten auf Grund von Rezensionen und Hinweisen von Kollegen aktualisiert und korrigiert wurden. Außerdem wurde eine Tabelle zu Artenzahlen der Tiere in Deutschland neu eingefügt.

Ludwigsburg, Sommer 1999 R. Flindt

Inhalt

Teil 2: Botanik

Teil 3: Mikrobiologie

Teil 4: Humanbiologie

Teil 5: Vergleichende Werte

Einleitung

Die eigene Lehrtätigkeit brachte es mit sich, daß häufig vergleichende Daten aus den unterschiedlichsten Gebieten der Biologie benötigt wurden, um daran wichtige Sachverhalte und Gesetzmäßigkeiten zu erarbeiten und darzustellen. Um das immer aufs neue sehr zeitaufwendige Suchen zu beenden, wurden interessierende Werte und Tabellen gesammelt oder Daten selbst zu Tabellen zusammengestellt. Dies war die Grundlage für das Entstehen der vorliegenden Tabellensammlung. Sie soll helfen, die meistens weit verstreuten Daten schnell griffbereit zu haben.

Besonders Lehrende an Schulen und Hochschulen sollen mit diesen Tabellen angesprochen werden. Nach einer Untersuchung von Schülerfragen zu einem Themengebiet (Stenzel, Unterricht Biologie 24/25, 1978) richteten sich 24% aller Fragen auf die Morphologie, »besonders auf die Körpergröße (45%), das Gewicht (32%) und die Funktion bestimmter Körperteile». Hier soll dem Lehrer die Möglichkeit gegeben werden, schnell die gefragten Werte zu finden. Andererseits sollen die Tabellen auch die Möglichkeit bieten, die z.B. während eines Praktikums selbst gemessenen Werte schnell mit den in der Literatur vorliegenden auf ihre Richtigkeit hin zu überprüfen.

Der Charakter der Tabellen ist in der Regel vergleichend, denn nur so ist es möglich, Gesetzmäßigkeiten innerhalb eines wichtigen biologischen Aspekts zu erkennen bzw. zu erarbeiten. Statistische Daten fehlen allerdings, da sie häufigen Veränderungen unterliegen.

Die Tabellen zielen nicht auf Vollständigkeit ab. Sowohl für die Art der Tabellen als auch für die Organismen in den Tabellen war eine Auswahl nötig. Bei den Tieren und Pflanzen wurden in der Hauptsache, soweit auffindbar, Werte für eine Reihe gängiger einheimischer Organismen gesucht und auch für solche, die häufig im Biologie-Unterricht oder in Praktika auftauchen. Diese Werte wurden, soweit erreichbar, durch Extremwerte und vom vergleichenden Standpunkt her interessante, ergänzt. Absolute Extreme sind in den Tabellen durch ein (!) hinter dem Wert gekennzeichnet.

Einige Tabellen wenden sich infolge ihrer speziellen Thematik ausschließlich an Biologen, der weitaus größte Teil wird aber auch manche interessante Einzelheit für einen Nicht-Fachmann bieten. Die meisten Tabellen bedürfen keiner großen Erläuterungen, da die Werte für sich sprechen. Deshalb ist grundsätzlich auf eine nähere textliche Erklärung verzichtet worden. Gelegentlich, besonders bei physiologischen Tabellen, erfolgen Hinweise auf weiterführende Literatur.

Tiere und Pflanzen sind in den Tabellen, soweit sich nicht eine Ordnung nach dem System oder der Größe anbot, alphabetisch geordnet. Dies ist in den Tabellen jeweils vermerkt.

Teil 1: Zoologie

Als Vergleichswert erscheint in der Mehrzahl der Tabellen auch der Mensch, ohne daß dies in den Tabellenüberschriften extra zum Ausdruck gebracht wird.

1.1 Allgemeines: Gewicht, Alter usw.

Tabelle 1.1.1: Ungefähre Artenzahlen einiger wichtiger Tiergruppen

Werte für Pflanzen siehe Tabelle 2.1.1 und 2.1.2.
Insgesamt sind ca. 1,4 Millionen Tierarten beschrieben worden.

Werte aus BERTELSMANN 1977, Die Roten Listen 1997, KÄSTNER 1973, KRAUS u. KUBITZKI 1982, Lexikon der Biologie 1983–87 MEYER 1964, Naturschutz aktuell 1977, RENNER 1984, STORCH u. WELSCH 1991

Gruppe	auf der Erde	in Deutschland
Einzeller	40 000	3 200
Schwämme	5 000	28
Hohltiere	10 000	130
Plattwürmer	16 100	1 100
Fadenwürmer	23 000	1 600
Weichtiere	130 000	500
Schnecken	85 000	380
Muscheln	25 000	100
Tintenfische	600	15
Ringelwürmer	17 000	1 900
Gliederfüßer	> 1 000 000	32 500
Spinnentiere	68 000	2 300
Krebse	50 000	900
Insekten	1 000 000	28 900
Libellen	4 700	80
Schaben	4 000	12
Heuschrecken	20 000	80
Schnabelkerfe	73 000	1 800
Käfer	350 000	5 727
Hautflügler	110 000	10 000
Schmetterlinge	120 000	3 000
Fliegen, Mücken	120 000	8 000
Stachelhäuter	6 500	34
Wirbeltiere	46 500	476
Fische (incl. Rundmäuler)	20 600	130
Lurche	3 300	21
Kriechtiere	6 300	14
Vögel	8 600	273
Säugetiere	3 700	98

Tabelle 1.1.2: Höchstalter verschiedener Tiere

Nicht alle Angaben sind sicher belegt. Einige Tiere erreichen das hier angegebene Alter nicht in der Natur, sondern nur in Gefangenschaft. Die Zahlen in Klammern stellen Einzelwerte von Haus- und Zootieren dar. Sichere Angaben freilebender Vögel, die durch Ringfunde nachgewiesen wurden, sind durch r gekennzeichnet.
Alle Angaben, außer den anders gekennzeichneten, bedeuten Jahre. T = Tage, Wo = Wochen, Mo = Monate.
Werte für Pflanzen siehe Tabelle 2.1.3.

Angaben nach ALTMAN u. DITTMER 1972, BERTELSMANN 1979, DORST 1972, FRÄDRICH u. FRÄDRICH 1973, KORSCHELT 1924, KRUMBIEGEL 1955, NOBLE 1954, OPPENHEIMER u. PINCUSSEN 1930, PLATT 1976, SPECTOR 1956, TANNER 1980, WOOD 1982

Art	Höchstalter	
Wirbellose		
Auster	12	
Bandwurm	35	
Bettwanze	6	Mo
Bienenkönigin	5	
Bienenarbeiterin	6	Wo
Blutegel	27	
Erdnematoden	2–3	Wo
Flußkrebs	20–30	
Flußperlmuschel	100	
Goldlaufkäfer	5	
Gottesanbeterin	8	
Hummer	45	
Krake (Octopus)	2–3	
Niedere Krebse	6	Mo
Lanzettfischchen	7	Mo
Ohrwurm	7	
Pferdeaktinie	15	
Planarie	14	Mo
Rädertierchen	2–3	T
Regenwurm	10	
Riesenmuschel	60–100	
Schlammschnecke	2–3	
Schwämme	50	
Seeanemone (Cereus)	66	
Seeigel	7	
Seestern	>5	
Seewalze	>10	
Spinnen	20	
Spulwurm	5	
Steinkoralle	>28	
Strandschnecke	20	
Stubenfliege	76	T
Taufliege (Drosophila)	46	T
Tausendfüßer (Lithobius)	5–6	
Teichmuschel	9	
Termitenkönigin	25	
Tintenfisch (Sepia)	5	
Trichine (eingekapselt)	30	
Trichine (im Darm lebend)	5	Mo
Vogelspinne	15	
Wasserfloh	108	T
Weinbergschnecke	>18	
Wirbeltiere		
Fische		
Aal	88	
Forelle	18	
Goldfisch	41	
Guppy	5	
Hecht	60–70	
Hering	20	
Karpfen	70–100	
Lachs	13	
Lungenfisch	18	
Makrele	20	
Scholle	30	
Seepferdchen	5	
Stör	152	
Walhai	70	
Amphibien		
Axolotl	>24	
Erdkröte	40	
Feuersalamander	43	

Art	Höchstalter
Laubfrosch	22
Riesensalamander	55
Teichmolch	28
Reptilien	
Anakonda	31
Blindschleiche	33 (–54)
Boa	40
Brückenechse	100
Eidechsen (Lacerta)	5–8
Elefantenschildkröte	150
Klapperschlange	19
Kobra	28
Landschildkröte	137
Mississippi-Alligator	66
Sumpfschildkröte	120
Vögel	
Aasgeier	101
Adler	60–80, 21 r
Amsel	18, 10 r
Austernfischer	29
Buchfink	29
Bussard	24 r
Elster	25
Ente	25, 20 r
Eulen	60–70
Fasan	27
Fischreiher	60, 24,5 r
Gänsegeier	118
Gans	31 (50)
Gartengrasmücke	24
Haubentaucher	23
Haussperling	23
Huhn	30
Kakadu	100
Kanarienvogel	24 (34)
Kohlmeise	9
Kolibri	8
Kolkrabe	69
Kondor	65
Kormoran	21, 18 r
Krähen	118, 20 r
Kranich	62
Kuckuck	40
Lerchen	8 r
Mauersegler	21 r
Pelikan	50–60
Pinguin	26
Rotkehlchen	11 r
Schleiereule	14 r
Schwalben	16 r
Schwan	30 (–100)
Silbermöwe	44, 32 r
Star	20 r
Sterntaucher	23 r
Storch	70–100, 22 r
Strauß	62
Tauben	35
Uhu	68
Zaunkönig	5
Säugetiere	
Biber	20–25
Bison	30
Braunbär	47
Damwild	25
Delphin	25–30
Dromedar	28
Eichhörnchen	12
Eisbär	41
Elch	25
Elefant	70
Esel	100
Feldhase	8
Flußpferd	54
Fuchs	14
Gemse	25–30
Gibbon	> 23
Giraffe	34
Goldhamster	4
Gorilla	60
Hausschwein	27
Hirsch	30
Hufeisennase	24
Hunde	15–20 (–34)
Igel	14
Känguruh	30
Kaninchen	18
Kapuzineraffe	41

Fortsetzung →

Art	Höchstalter	Art	Höchstalter
Katze	35	Rind	20–25 (–49)
Kegelrobbe	42	Schaf	20
Lama	15	Schimpanse	> 50
Löwe	30	Schnabeligel	49
Maultier	45	Seehund	26
Maulwurf	3–4	Seelöwe	28
Maus	4	Siebenschläfer	9
Mausohr	24	Spitzmäuse	1,5
Meerschweinchen	9,5 (– 15)	Steinbock	30
Mensch	118	Tiger	30
Nashorn	45	Trampeltier	29
Orang Utan	59	Waldmaus	10 Mo
Pavian	35	Wale	100
Pferde	40–50 (– 61)	Wildschwein	20–30
Ratte	3	Wolf	14
Reh	16	Zebra	38
Rentier	16	Ziege	20

Tabelle 1.1.3: Größte Vertreter verschiedener Tiergruppen (exkl. Wirbeltiere und Insekten)

Angaben für Wirbeltiere siehe Tabelle 1.1.6 bis 1.1.12, für Insekten Tabelle 1.1.4. L = Länge, D = Durchmesser, B = Breite, Sp = Spannweite.

Werte nach FRANK 1976, KÄSTNER 1973

Gruppe	Art	Dimension
Einzeller	Nummulites	D: 32 cm
Schwämme	Spheciospongia	D: 2 m
Hohltiere		
Hydrozoen	Branciocerianthus imperialis, Polyp	L: 2,20 m
	Aequorea spec., Qualle	D: 40 cm
Scyphozoen	Cyanea arctica, Qualle	D: 2 m
Aktinien	Stoichactis spec.	D: 1,50 m
Sol. Korallen	Fungia spec.	D: 25 cm
Rippenquallen	Cestus veneris	L: 1,50 m
Plattwürmer		
Strudelwürmer	Landplanarien	L: 60 cm
Saugwürmer	Nematobothrioides histoidii	L: 6–8 m
Bandwürmer	Diphyllobothrium latum	L: 15 m

Gruppe	Art	Dimension
Schnurwürmer	Lineus longissimus	L: 30 m
Rädertierchen	Seison spec.	L: 3 mm
Fadenwürmer	Placentonema gigantissima ♂	L: bis 3,75 m
Weichtiere	♀	L: bis 8,40 m
Schnecken	Semifusus spec.	L: 60 cm (Gehäuse)
Muscheln	Tridacna gigas	L: 1,35 m (Schale)
Tintenfische	Architeuthis spec.	L: 6,60 m (Rumpf)
		18 m (mit Armen)
Ringelwürmer		
Vielborster	Eunice gigantea	L: 3 m
Wenigborster	Megascolides australis	L: 3 m
Blutegel	Haementeria ghilianii	L: 30 cm
Gliederfüßer		
Skorpione	Pandinus imperator	L: 18 cm
Spinnen	Teraphosa leblondi (Vogelspinne)	L: 9 cm (Rumpf)
Krebse	Jasus hügeli	L: 60 cm (ohne Beine)
	Macrocheira kaempferi	B: 29 cm (Carapax)
		Sp: 3 m (Beine)
Tausendfüßer	Scolopendra gigantea (Hundertfüßer)	L: 26,5 cm
	Graphidostreptus gigas (Doppelfüßer)	L: 28 cm
Moostierchen	Nolella alta	L: 4,6 mm (Einzeltier)
	Pectinatella gelatinosa	L: 2 m (Stock)
Eichelwürmer	Balanoglossus gigas	L: 2,50 m
Stachelhäuter		
Haarsterne	Metacrinus superbus	L: 19 cm (Arme)
		2 m (Stiel)
	Heliometra glacialis	L: 35 cm (Arme)
Seewalzen	Synapta maculata	L: 2 m
		D: 5 cm
	Stichopus variegatus	L: 1 m
		D: 21 cm
Seeigel	Sperosoma giganteum	D: 32 cm
Seesterne	Freyella remex	L: 45 cm
		Sp: 1 m
Schlangensterne	Gorgonocephalus stimpsoni	L: 70 cm (Arme)
		D: 14,3 cm (Scheibe)
Pfeilwürmer	Sagitta gazellae	L: 10 cm

Tabelle 1.1.4: Größte Vertreter von Insekten

L = Länge, Sp = Spannweite der Flügel.

Werte nach KÄSTNER 1973

Gruppe	Art	Größe
Eintagsfliegen	Euthyplocia spec.	L: 5 cm, Sp: 8 cm
Libellen	Megaloprepus coerulatus	L: 15 cm, Sp: 18 cm
Steinfliegen	Diamphipnoa helgae	L: 4 cm, Sp: 11 cm
Ohrwürmer	Titanolabis colossa	L: 5 cm
Gottesanbeterin	Toxodera spec.	L: 16 cm
Schaben	Megaloblatta longipennis	L: 9,5 cm, Sp: 17 cm
Termiten	Macrotermes goliath	L: 2,2 cm, Sp: 8,8 cm
	♀ von Bellicositermes natalensis	L: 14 cm
Stabheuschrecken	Pharnacia serratipes	L: 33 cm
Springschrecken		
Laubheuschrecken	Saga syriaca	L: 10 cm
	Pseudophyllus colossus	Sp: 20 cm
Feldheuschrecken	Tropidacris latreillei	L: 12 cm, Sp: 23 cm
Schnabelkerfe		
Wanzen	Belostoma grande	L: 11 cm
Zikaden	Pomponia imperatoria	L: 7 cm, Sp: 18 cm
Schlammfliegen	Sialis flavilatera	Sp: 3,8 cm
Kamelhalsfliegen	Acanthocorydalus kolbei	Sp: 16 cm
Käfer	Titanus giganteus	L: 15 cm
Hautflügler	Pepsis heros	L: 6 cm, Sp: 11 cm
Hafte	Palpares voeltzkowi	Sp: 15,7 cm
Schmetterlinge	Thysania agrippina	Sp: 32 cm
	Coscinocera hercules	Flügelfläche: 300 cm^2
Zweiflügler	Mydas heros	L: 6 cm, Sp: 10 cm
Flöhe	Hystrichopsylla talpae	L: 6 mm

Tabelle 1.1.5: Größe der Völker bei staatenbildenden Insekten

Der Größe nach geordnet.

Werte nach GRZIMEK 1970, JAKOBS u. RENNER 1974, KÄSTNER 1973, KEMPER u. DÖHRING 1967, MEYER 1964, WEBER 1966

Art	Größe der Völker
Tropische Termiten (Bellicositermes)	3000000
Rote Waldameise (Formica rufa)	500000–800000
Blattschneiderameise (Atta)	600000
Wanderameise (Anomma)	100000
Europäische Erdholztermite (Reticulitermes)	100000
Honigbiene	40000–80000
Gelbe Wiesenameise (Lasius flavus)	20000
Deutsche Wespe (Paravespula germanica)	5500
Hornisse	700–1500
Hummeln	500–2000
Langkopfwespen (Dolichovespula)	200
Feldwespe (Polistes)	140
Ameise (Promyrmecia aberrans)	12

Tabelle 1.1.6: Größe und Gewicht von Fischen

Die angegebenen Maximalgrößen und Gewichte sind z. T. einmalige Rekordfänge. Von einigen Arten sind die Weltrekordmaße und -gewichte geangelter Fische in Klammern angegeben. Die Längenmaße bezeichnen die Gesamtlänge.

Werte nach GRZIMEK 1970, LADIGES u. VOGT 1965, MEYER 1964, NORMAN u. FRASER 1963, SLIJPER 1967, SPECTOR 1956, WOOD 1982

Art	normale Länge	Maximallänge (Rekord mit Angel)	Gewicht bis (Rekord mit Angel)
Arapaima	2,5 m	4,5 m	400 kg
Barrakuda	1,5–1,8 m	3,0 m (1,68)	50 kg (46,83)
Blauhai	3,0–4,0 m	6,0 m	800 kg
Flußbarsch	0,3 m	0,45 m	2,5 kg
Grönlandhai	3,0–4,0 m	7,0 m	
Hausen	4,0 m	9,0 m	1 600 kg
Hecht	1,0 m	1,5 m (1,33)	70 kg (20,92)
Heilbutt	2,0–2,5 m	4,7 m	330 kg
Kabeljau	1,0–1,5 m	1,8 m	95 kg
Karpfen	0,4–0,5 m	1,2 m (1,07)	30 kg (25,09)
Lachs	0,9–1,0 m	1,5 m	36 kg (35,89)
Latimeria (Quastenflosser)		1,5 m	52 kg
Lungenfisch (Austr.)	0,6–1,2 m	1,8 m	50 kg
Manta		4,0 m 7,0 m (Spannweite)	1 600 kg
Schwarzer Marlin		4,5 m (4,42)	900 kg (707,6)
Meeraal (Conger)	1,5–1,8 m	3,0 m	70 kg
Meerneunauge		1,0 m	1 kg
Menschenhai	5,0–6,0 m	12,0 m (4,60)	3 000 kg (1 075,9)
Mondfisch		3,0 m	900 kg
Riesenhai		14,0 m	4 000 kg
Sägerochen	6,0 m	10,0 m	2 300 kg
Schleie	0,4–0,5 m	0,7 m	2 kg
Schwertfisch	3,0–4,0 m	6,0 m (4,55)	600 kg (536.2)
Roter Thunfisch	3,0 m	5,0 m (2,95)	820 kg (443,2)
Tigerhai	4,0–5,0 m	6,0 m (4,22)	800 kg (626,9)
Walhai	15,0 m	18,0 m (!)	10 000 kg (!)
Wels	2,0–2,5 m	5,0 m	300 kg
Zackenbarsch	2,0–2,2 m	3,5 m	420 kg (248,6)
Zander		1,2 m	18 kg
Zwerggrundel (Pandaka pygmea; kleinster Fisch und kleinstes Wirbeltier)		11 mm (!)	0,2 g (!)

Tabelle 1.1.7: Maximallängen von Amphibien

Bei den Schwanzlurchen und Blindwühlen bedeuten die Maße die Gesamtlänge, bei den Froschlurchen die KR-Länge (Schnauzenspitze bis After). Werte für ausgestorbene Amphibien entnehme man Tabelle 1.1.13.

Angaben nach COCHRAN 1970, GRZIMEK 1970, MERTENS 1947, MEYER 1964

Art	Länge
Blindwühlen und Schwanzlurche	
Aalmolch	100 cm
Großer Armmolch	100 cm
Axolotl	33 cm
Bergmolch ♂	8 cm
Bergmolch ♀	11 cm
Blindwühlen	150 cm
Fadenmolch ♂	7,5 cm
Fadenmolch ♀	9,2 cm
Feuersalamander	20 cm
Kammolch	14 cm
Mexikanischer Pygmäensalamander	4 cm (!)
Riesensalamander	150 cm (!)
Teichmolch ♂	11,1 cm
Teichmolch ♀	9,5 cm
Froschlurche	
Aga-Kröte	20 cm
Blombergkröte	30 cm
Erdkröte ♂	8 cm
Erdkröte ♀	13 cm
Geburtshelferkröte	5 cm
Gelbbauchunke	4,5 cm
Goliathfrosch	40 cm (!)
Grasfrosch	10 cm
Knoblauchskröte ♂	6,5 cm
Knoblauchskröte ♀	8 cm
Kuba-Laubfrosch	13 cm
Kubanischer Zwergfrosch	1 cm (!)
Kreuzkröte	7 cm
Laubfrosch	5 cm
Moorfrosch	6,5 cm
Seefrosch	15 cm
Springfrosch	8 cm
Wechselkröte	8 cm

Tabelle 1.1.8: Maximale Länge und Höchstgewicht einiger Reptilien

Die Angaben bei den Schildkröten beziehen sich auf die Panzerlänge, bei allen anderen Tieren ist die Gesamtlänge gemeint. Werte für ausgestorbene Formen entnehme man Tabelle 1.1.13.

Werte nach BELLAIRS 1971, GRZIMEK 1970, MANN 1979, MERTENS 1947, SCHMIDT u. INGER 1957, WOOD 1982

Art	Länge in m	Gewicht
Schildkröten		
Geierschildkröte	0,75	100 kg
Lederschildkröte	2,00	800 kg
Seychellen-Riesenschildkröte	1,25	250 kg
Suppenschildkröte	1,40	200 kg
Krokodile		
Ganges-Gavial	7,11	
Leistenkrokodil	8,50	
Mississippi-Alligator	5,84	
Nilkrokodil	6,70	
Orinoko-Krokodil	7,20	
Eidechsen		
Blindschleiche	0,45	
Echsenfinger-Gecko (kleinstes Reptil)	0,04 (!)	2 g (!)
Komodowaran	3,00	165 kg
Grüner Leguan	2,20	
Mauereidechse	0,19	
Meerechse	1,75	
Perleidechse	0,80	
Smaragdeidechse	0,45	
Waldeidechse	0,16	
Zauneidechse	0,32	
Schlangen		
Äskulapnatter	1,80	
Anakonda	9,60	120 kg
Boa constrictor	4,50	60 kg
Buschmeister	3,75	
Diamantklapperschlange	2,58	
Glattnatter	0,75	
Königskobra	5,58	
Kreuzotter	0,80	
Leptotyphlops bilineata (kleinste Schlange)	0,11 (!)	
Schwarze Mamba	4,00	
Netzpython	10,00 (!)	
Ringelnatter	1,50	
Würfelnatter	1,00	

Tabelle 1.1.9: Gewicht und Spannweite einiger Vögel

Die Flügelfläche und die Flächenbelastung siehe Tabelle 1.2.9. Werte für ausgestorbene Vögel siehe Tabelle 1.1.13.

Angaben nach Berndt u. Meise 1959, Grzimek 1970, Heinroth 1955, Herzog 1968, Sturkie 1976, Ziswiler 1976

Art	Gewicht bis	Spannweite bis
Aaskrähe	600 g	100 cm
Albatros	8 kg	320 cm (!)
Auerhahn	6 kg	130 cm
Baßtölpel	3 kg	180 cm
Blaumeise	12 g	20 cm
Brachvogel	600 g	100 cm
Buntspecht	95 g	48 cm
Eichelhäher	195 g	55 cm
Felsentaube	300 g	63 cm
Gänsegeier	8,2 kg	240 cm
Goldhähnchen	4 g	16 cm
Großtrappe ♂	22 kg	240 cm
Großtrappe ♀	5 kg	
Habicht	2 kg	118 cm
Höckerschwan	22,5 kg	260 cm
Hummelelfe (kleinster Kolibri)	1,6 g (!)	7,5 cm (!)
Kaiseradler	3,5 kg	215 cm
Kiebitz	200 g	70 cm
Kolkrabe	1250 g	125 cm
Kondor	11,3 kg	290 cm
Mäusebussard	1,2 kg	140 cm
Mantelmöwe	2,2 kg	175 cm
Marabu	5 kg	300 cm
Mauersegler	43 g	35 cm
Mönchsgeier	14 kg	287 cm
Ringeltaube	500 g	75 cm
Saatkrähe	670 g	90 cm
Schleiereule	300 g	95 cm
Schwarzspecht	315 g	75 cm
Seeadler	6,7 kg	255 cm
Sperber	300 g	76 cm
Sperlingskauz	60 g	40 cm
Steinadler	6 kg	230 cm
Storch	4,4 kg	220 cm
Strauß	150 kg (!)	
Uhu	3,2 kg	170 cm
Waldkauz	500 g	100 cm
Waldschnepfe	400 g	58 cm
Zwergwachtel	45 g	

Tabelle 1.1.10: Maximale Länge und Höchstgewicht einiger Säugetiere

Die Längenmaße bezeichnen die KR-Länge (Schnauzenspitze bis After), nur bei den Walen und Robben ist die Gesamtlänge angegeben.

Angaben nach BRINK 1975, FRÄDRICH u. FRÄDRICH 1973, GRZIMEK 1970, KRUMBIEGEL 1953, SANDERSON 1956, SLIJPER 1967, WOOD 1982

Art	Länge bis in cm	Gewicht bis
Biber	100	30 kg
Bisamratte	36	1500 g
Bison	300	1000 kg
Blauwal	3300 (!)	136000 kg (!)
Breitmaulnashorn	400	3600 kg
Dachs	85	20 kg
Delphin	360	200 kg
Eichhörnchen	25	480 g
Eisbär	251	1000 kg
Elch	310	800 kg
Elefant, Afrikanischer	750	6000 kg
Elefant, Indischer	640	5000 kg
Elenantilope	345	1000 kg
Etruskerspitzmaus	4 (!)	2 g (!)
Faultier	60	5 kg
Feldmaus	12	50 g
Finnwal	2500	76000 kg
Flußpferd	450	3200 kg
Fuchs	90	10 kg
Gemse	130	62 kg
Gibbon	90	22,5 kg
Giraffe	580 (Höhe)	1200 kg
Goldhamster	18	130 g
Gorilla	175 (Standhöhe)	275 kg
Grizzly-Bär	300	1200 kg
Grönlandwal	2100	
Hamster	34	500 g
Haselmaus	9	40 g
Hausmaus	12	30 g
Hermelin	29	450 g
Igel	30	1200 g
Kamel	345	650 kg
Kaninchen	45	2 kg
Katzenmaki	13	60 g
Koala	80	16 kg
Leopard	150	80 kg
Löwe	190	250 kg

Art	Länge bis in cm	Gewicht bis
Maulwurf	17	120 g
Mauswiesel	23	130 g
Meerschweinchen	33	1400 g
Murmeltier	73	8 kg
Orang Utan	150 (Standhöhe)	100 kg
Panzernashorn	420	2000 kg
Pavian	114	54 kg
Pferd (Warmblut)		500 kg
(Kaltblut)		1000 kg
Pottwal	2000	53000 kg
Reh	140	50 kg
Rentier	220	315 kg
Rotes Riesenkänguruh	160	70 kg
Rothirsch	265	340 kg
Schermaus	19	180 g
Schimpanse	170 (Standhöhe)	70 kg
Schwertwal	950	6350 kg
See-Elefant	650	3600 kg
Seehund	200	100 kg
Siebenschläfer	19	120 g
Spitzmaulnashorn	375	2000 kg
Steinbock	170	150 kg
Tiger	300	350 kg
Vielfraß	87	35 kg
Walroß	375	1500 kg
Wanderratte	26	400 g
Wasserbüffel	300	1000 kg
Wildschwein	180	350 kg
Wolf	150	75 kg
Zwergspitzmaus	6,6	6 g

Tabelle 1.1.11: Größe einiger Hunderassen

Angegeben ist die Kopf-Rumpflänge (KR = Schnauze bis After) und die Widerristhöhe (= Schulterhöhe), jeweils in cm.

Angaben nach HALTENORTH 1958, SMOLIK 1968

Art	KR	Widerrist
Wolf	100–140	65–90
Dingo	100	50–55
Affenpinscher	20–25	26
Airedaleterrier	55–62	55–62
Appenzeller Sennhund	49–58	48–58
Barsoi	75–80	71–76
Bernhardiner	68–78	65–80
Bluthund	65–72	60–70
Boxer	57–73	53–63
Chihuahua	15–20 (!)	15–23 (!)
Cockerspaniel	35–42	35–42
Collie	56–63	50–60
Dalmatiner	50–60	50–60
Deutsche Dogge	75–90 (!)	72–92 (!)
Deutscher Schäferhund	60–65	55–65
Foxterrier	35–40	35–60
Greyhound	65	65–70
Großpudel	45–60	45–55
Mops	25–32	32
Neufundländer	63–75	62–75
Riesenschnauzer	57–70	60–70
Rottweiler	60–65	55–66
Teckel	23–30	23–27
Vorstehhund	60–65	60–65
Windspiel	36	35
Zwergpudel	35	30–35
Zwergspitz	28	28

Tabelle 1.1.12: Widerristhöhen (= Schulterhöhen) von Pferden

Angaben aus GRZIMEK 1970, KRUMBIEGEL 1958, MCGREGOR u. EDWARDS 1976

Art	Schulterhöhen
Wildpferde	
Böhmzebra	1,40 m
Grevyzebra	1,55 m
Hartmanns Bergzebra	1,25 m
Kiang	1,30 m
Kulan	1,70 m (!)
Onager	1,10 m
Przewalski-Pferd	1,20–1,46 m
Quagga	1,35 m
Somaliwildesel	1,40 m
Zuchtpferde-Rassen	
Andalusier	1,54 m
Anglo-Araber	1,63–1,65 m
Araber	1,44–1,50 m
Camargue-Pferde	1,35–1,45 m
Clydesdale (Kaltblut)	1,73 m
Exmoor-Ponys	1,24 m
Fjordpferde	1,40 m
Great Horse (Kaltblut)	1,82 m
Haflinger	1,21–1,48 m
Indianer-Ponys	1,30–1,40 m
Lippizaner	1,55 m
New-Forest-Ponys	1,22–1,44 m
Norweger	1,40 m
Percheron (Kaltblut)	1,73 m
Ponys (Höchstmaß)	1,44 m
Shetland-Ponys	0,95–1,05 m
Suffolk (Kaltblut)	1,63 m

Tabelle 1.1.13: Maße und Gewichte einiger ausgestorbener Wirbeltiere

Angaben aus GRZIMEK 1970, KUHN 1958, KUHN-SCHNYDER 1974, LÜTTSCHWAGER 1961, MEYER 1974, SLIJPER 1967, WOOD 1982

Art		Länge in m	Höhe in m	Geschätztes Gewicht in kg
Haifische				
Carcharodon megalodon		33		125 000
Fische (Placodermi)				
Titanichthys		8		
Amphibien				
Mastodonsaurus		3		
Palaeosiren beinerti (Blindwühle)		15		
Prionosuchus plummeri		9		
Reptilien				
Dinosaurier				
Brachiosaurus		27	15	50 000
Brontosaurus		22		40 000
Diplodocus		28		40 000
Iguanodon		11	5	10 000
Stegosaurus		9		1750
Tyrannosaurus		16	6	
Krokodile				
Phobosuchus		13,5		
Rhamphosuchus indicus		18,3		
Flugsaurier				
Pteranodon	7 m Spannweite			30
Quetzalcoatlus northropi	12 m Spannweite			86
Fischsaurier				
Ichthyosaurus		12		
Schlangen				
Pterosphenus		11		
Schildkröten				
Archelon ischirus		6		2700
Colossochelys atlas		6		
Vögel				
Aepyornis (Madagaskarstrauß)			1,5	400
Archaeopteryx		0,45		
Argentavis magnificens (Flugfähig, Spannweite 7,6 m)			1,5	120
Dronte			1	25
Riesenmoa			3,5	250

Art	Länge in m	Höhe in m	Geschätztes Gewicht in kg
Säugetiere			
Baluchitherium (Foss. Nashorn)	8,5	5,5	18 000
Dinotherium (Foss. Elefant)		4	7 500
Höhlenbär	2,8		
Mammut	3,5	4	7 500
Ur	3	1,8	1 500

Tabelle 1.1.14: Größe von Hörnern und Zähnen

Die Angaben sind Höchstwerte einzelner Jagdtrophäen. Gewundene Hörner und Zähne entlang der äußeren Rundung gemessen.

Angaben nach Dorst u. Dandelot 1973, Haltenorth u. Trense 1956

Art	Größe	
Geweihe, Hörner		
Alpensteinbock	147,32 cm	
Auerochse	80,00 cm	
Elenantilope	112,40 cm	
Impala	92,08 cm	
Kaffernbüffel	163,80 cm	
Südafrikanischer Kudu	168,91 cm	
Rappenantilope	163,53 cm	
Spießbock	121,92 cm	
Wapiti	152,40 cm	
Wasserbüffel	197,49 cm	
Weißschwanzgnu	67,95 cm	
Vorderes Horn (Nashörner)		
Breitmaulnashorn	158,12 cm	
Panzernashorn	60,96 cm	
Spitzmaulnashorn	135,90 cm	
Zähne		
Afrikanischer Elefant, Stoßzahn	349,25 cm	133,02 kg
Indischer Elefant, Stoßzahn	266,70 cm	72,98 kg
Flußpferd, unterer Eckzahn	163,83 cm	
Warzenschwein, Hauer	60,96 cm	

Tabelle 1.1.15: Wirbelzahlen einiger Wirbeltiere

Die Zahlen für die Halswirbelsäule allein finden sich in Tabelle 1.1.16.

Nach BOGNER u. RITTER 1976, GRZIMEK 1970, MEYER 1964, OPPENHEIMER u. PINCUSSEN 1930, ZISWILER 1976

Art	Wirbelzahl
Haifische	ca. 400
Regenbogenforelle	60– 69
Hering	ca. 55
Aal	bis 119
Kammolch	53
Frosch	9
Schildkröte	34
Blindschleiche	110
Ringelnatter	230
Riesenschlangen	bis 435
Archaeophis proavus (fossile Riesenschlange)	565 (!)
Singvögel	35
Schwan	56
Haustiere (Säuger)	50– 60
Mensch	34

Tabelle 1.1.16: Zahl der Halswirbel verschiedener Wirbeltiere

Gesamtwirbelzahlen siehe Tabelle 1.1.15.

Angaben aus GRZIMEK 1970, KUHN 1958, ZISWILER 1976

Gruppe, Art	Halswirbelzahl
Amphibien	1
Krokodile	2
Schildkröten	8
Warane	8
Krustenechse	9
Elasmosaurus (Dinosaurier)	76
Vögel, normalerweise	14 (–15)
aber: Rabenkrähe	10
Albatros	15
Flamingo	19
Höckerschwan	26
Säugetiere	7
Ausnahmen: Dreifingerfaultier (Gatt. Bradypus)	9
Hoffmanns Zweizehenfaultier (Choloepus hoffmanni)	6
Rundschwanz-Seekühe (Manatis)	6

Tabelle 1.1.17: Relatives Skelettgewicht einiger Wirbeltiere

Angaben in % des Körpergewichts. Werte innerhalb der Vögel und Säuger jeweils der Größe nach geordnet. Größere Tiere benötigen ein viel robusteres Skelett als kleinere.

Angaben nach HESSE u. DOFLEIN 1935, NACHTIGALL 1979, SLIJPER 1967

Art	Skelettgewicht (%)
Vögel	
Gans	13,3
Huhn	11,7
Sperling	8,4
Zaunkönig	7,1
Säuger	
Elefant	25
Flußpferd	20
Rind	20
Schaf	20
Schwein	18
Mensch	15
Hund	14
Löwe	13
Katze	11,5
Seehund	11
Kaninchen	9
Hausmaus	8,4
Spitzmaus	7,9

Tabelle 1.1.18: Größe von tierischen Zellen

Angaben für verschiedene Arten und Organe.

Werte aus DAVID 1977

Art	Organ	Durchmesser in µm	Volumen in μm^3
Hund	Magen	15,6	1988
	Purkinje-Zellen	30	14000
Katze	Pyramidenzellen		24112
	Spinalganglion		26767
Pferd	Betz' Pyramiden-Zellen		9348
	Purkinje-Zellen	32	16000

Fortsetzung →

Art	Organ	Durchmesser in µm	Volumen in µm³
Kaninchen	Großhirnrinde		5000– 20000
	Betz' Pyramiden-Zellen		3239
	Spinalganglion		23995
Maus	Purkinje-Zellen	19	4000
	Spinalganglion		4908
Ratte	Purkinje-Zellen	16	2000
	Spinalganglion		14440
Rind	Purkinje-Zellen	32	17000
	Spinalganglion		125317
Schwein	Purkinje-Zellen	29	13000
Frosch	Purkinje-Zellen	7	1500
Huhn	Lymphozyt	8–13	
Makak	Spinalganglion		23018
Mensch	Betz' Pyramiden-Zellen		113400
	Purkinje-Zellen	27	10000
	Muskel (M. psoas)	25–90	
	Erythrozyt		87
	Spinalganglion		102612

Tabelle 1.1.19: Wassergehalt von Wirbeltiergeweben

Siehe auch Tabelle 4.1.11 für detailliertere Werte der Gewebe des Menschen.

Aus BUDDENBROCK 1956, verändert

Art	Glatte Muskulatur	Skelett-muskulatur	Haut	Niere	Leber	Knochen
Frosch	85,0	82,1	81,1	84,4	76,1	58,1
Wüstenwaran	78,8	78,7	61,8	81,1	75,4	10,6
Taube	71,0	77,5	63,0	78,7	74,8	11,2
Rennmaus	72,5	74,1	39,3	77,8	70,1	27,1
Wüstenspringmaus	76,6	74,8	48,7	77,7	69,9	26,8
Mensch	80,0	76,8	70,0	82,5	76,9	30,0

Tabelle 1.1.20: Zusammensetzung des Eiweißes von Wirbeltieren aus den Aminosäuren

Angaben in Gewichts-%.

Aus BUDDENBROCK 1956, verändert

Aminosäure	%
Glutaminsäure	11,2–13,9
Glycin	8,2–10,2
Asparaginsäure	8,1–10,4
Leucin	6,1– 7,5
Arginin	5,8– 6,3
Lysin	5,6– 7,9
Valin	4,4– 5,7
Threonin	3,7– 4,3
Isoleucin	3,3– 4,7
Phenylalanin	3,2– 4,2
Methionin	1,7– 2,1
Histidin	1,6– 2,1
Tryptophan	0,6– 1,0

Tabelle 1.1.21: Wirkung tierischer Gifte (ausgenommen Schlangen)

Angegeben ist entweder die Dosis, die 50 % aller damit gespritzter Tiere tötet (LD_{50}), oder die kleinste tödliche Dosis (DLM = dosis lethalis minima), jeweils berechnet auf 1 kg Körpergewicht der untersuchten Tierart (in Klammern).
Angaben über Schlangengifte finden sich in Tabelle 1.1.22.

Werte nach BASSUS 1965, BERTELSMANN 1979, MEBS 1979

Tierart	DLM	LD_{50}
Hohltiere		
Congestin (aus Nesselkapseln von Aktinien)	5 mg (Hund)	
Hypsotoxin (aus Nesselkapseln der Staatsqualle Physalia)	2,0–2,5 mg (Maus)	
Lophotoxin (aus Nesselkapseln der Hornkoralle Lophogorgia)	8 mg (Maus)	
Palytoxin (aus Nesselkapseln der Krustenanemone Palythoa)		0,01 µg (Maus)
Thalassin (aus Nesselkapseln von Aktinien)	2,5–9 mg (Hund)	

Fortsetzung →

Tierart	DLM	LD_{50}
Weichtiere		
Murexin (Gift der Purpurschnecke)	8,5 mg (Maus)	
Gliederfüßer		
Skorpion (Buthus acutecarinatus)	0,27 mg (Ratte)	
Skorpion (Tityus bahiensis)	0,5–2,0 mg (Maus)	
Spinne (Lycosa raptoria)	0,9 mg (Maus)	
Spinne (Ctenus ferus)		0,34 mg (Maus)
Vogelspinne (Atrax robustus)		4,5 mg (Maus)
Cantharidin (aus Ölkäfern)	0,5 mg (Mensch)	
Hornissengift		2,5 mg (Maus)
Bienengift		3,0–4,0 mg (Maus)
Gift der nordam. Ernteameise (Pogonomyrmex)		0,42 mg (Maus)
Fische		
Steinfischgift		0,2 mg (Maus)
Kugelfischgift (Tetrodotoxin)	0,014–0,09 mg (Maus)	
Amphibien		
Samandaridin (aus Salamandern)	0,1 mg (Kaninchen)	
Hautgift von Molchen	0,018–0,02 mg (Maus)	
Bufogenin (aus Krötenhaut)		0,13 mg (Katze)
Bufotenin (aus Krötenhaut)		25 mg (Maus)
Gift aus Wasserfroschhaut	6–12 mg (Kaninchen)	
Pfeilgift (aus Phyllobates bicolor)		2,7 mg (Maus)
Batrachotoxin (aus Ph. aurotaenia)		2,0 µg (Maus)
Homobatrachotoxin (aus Ph. aurotaenia)		3,0 µg (Maus)
Pumiliotoxin (aus Dendrobates pumilio)		2,5 mg (Maus)
Reptilien (exkl. Schlangen)		
Gift der Krustenechse (Heloderma)	16 mg (Maus)	

Tabelle 1.1.22: Wirkung von Schlangengiften

Angegeben ist entweder die Dosis, die 50 % aller damit gespritzter Mäuse tötet (LD_{50}), oder die kleinste tödliche Dosis (DLM), jeweils berechnet auf 1 kg Körpergewicht der untersuchten Tierart (in Klammern).
Über die Wirkung von Giften anderer Tiere siehe Tabelle 1.1.21.

Angaben nach Bassus 1965, Ziswiler 1965

Tierart	mg Trockengift pro Biß	LD_{50} mg/kg Maus	DLM mg/kg Tierart
Kreuzotter			1–1,4 mg (Maus)
Kettenviper (Vipera russeli)	130–250	0,82	
Aspisviper			1–2 mg (Maus)
Puffotter (Bitis arietans)	130–250	3,68	
Klapperschlange (Crotalus durissus)	35	0,3	
Kupferkopf (Agkistrodon contortrix)	52	10,5	
Buschmeister (Lachesis muta)	280–450	5,93	
Korallenschlange (Micrurus fulvius)	2– 6	0,97	1,5 mg (Maus)
Tigerotter (Notechis scutatus)	70	0,04	0,045 mg (Kaninchen)
Indische Kobra (Naja naja)	170–325	0,4	
Krait (Bungarus caeruleus)	10	0,09	0,04 mg (Kaninchen)
Grüne Mamba (Dendroaspis angusticeps)	80	0,45	
Ruderschwanz-Seeschlange (Enhydrina schistosa)	7– 20	0,01	

Tabelle 1.1.23: Giftwirkung einiger Insektizide auf Wirbeltiere

Bei oraler Applikation des Insektizids sterben 50 % der untersuchten Tiere (LD_{50}). Werte in mg Gift pro kg Körpergewicht. Die untersuchten Tierarten stehen in Klammern. Zum Vergleich siehe dazu auch die Tabellen 1.1.21 und 1.1.22.

Werte aus Altman u. Dittmer 1973

Insektizid	LD_{50} in mg/kg	(Tierart)
Aldicarb	1	(Ratte)
Aldrin	44	(Maus)
	33	(Meerschweinchen)
Chlordan	430	(Maus)

Fortsetzung →

Insektizid	LD_{50} in mg/kg	(Tierart)
DDT	118	(Ratte)
	400	(Meerschweinchen)
	150–400	(Maus)
DDVP (Dichlorvos)	56– 80	(Ratte)
Diazinon	76	(Ratte)
Dieldrin	38	(Maus)
	49	(Meerschweinchen)
	38– 87	(Ratte)
Endrin	16– 36	(Meerschweinchen)
Heptachlor	68	(Maus)
	116	(Meerschweinchen)
Lindan	86	(Maus)
	100–127	(Meerschweinchen)
Mevinphos	3,7– 6,1	(Ratte)
Parathion (E 605)	3,6	(Ratte)
Perthan	9,34	(Ratte)
Toxaphen	112	(Maus)
	69	(Ratte)
	69	(Meerschweinchen)
Zectran	15– 63	(Ratte)

1.2 Bewegung, Fortbewegung

Tabelle 1.2.1: Durchmesser von Muskelfasern

Angaben für verschiedene Muskeltypen und Organismen.

Werte aus David 1977

Art	Muskel	Durchmesser in µm
Goldfisch	Rote Fasern	36,0
	Weiße Fasern	49,4
Krallenfrosch	Beinmuskel	169,0
Taube	Brustmuskel	26,8
Spitzmaus	Zwerchfell	18,0
Maus	Wadenmuskel	60,77
Ratte	M. extensor digit. long.	85,0
	Zwerchfell	34,0
Meerschweinchen	Zwerchfell	25,0
Katze	Zwerchfell	30,0
Schwein	Zwerchfell	60,0
Mensch	Zwerchfell	34,0
	Intercostalmuskeln	50,4
	M. deltoideus	54,2

Tabelle 1.2.2: Zuckungszeiten von Muskeln

Die Zuckung eines Muskels besteht aus Kontraktion und Erschlaffung. Werte für Kontraktionszeiten siehe Tabelle 1.2.3. Der Größe nach geordnet.
Zur Physiologie der Muskulatur siehe auch Siewing 1980.

Nach Bertelsmann 1979, Heidermanns 1957

Tierart	Muskel	Zuckungszeit
Stubenfliege	Flugmuskel	0,003 sec
Hummel	Flugmuskel	0,004 sec
Biene	Flugmuskel	0,005 sec
Libelle	Flugmuskel	0,039 sec
Taube	Flugmuskel	0,05 sec
Heuschrecke	Sprungmuskel	0,1 sec
Frosch	Wadenmuskel	0,12 sec
Fledermaus	Flugmuskel	0,5 sec
Sumpfschildkröte	Bizeps	0,9 sec
Mensch	M. ciliaris	2– 4 sec
Frosch	Magen	100–200 sec
Teichmuschel	Schließmuskel	200–600 sec

Tabelle 1.2.3: Kontraktionszeiten verschiedener Muskeln

Zuckungszeiten von Muskeln, bei denen auch die auf die Kontraktion folgende Erschlaffung mit berücksichtigt ist, finden sich in Tabelle 1.2.2.

Werte aus Prosser 1973

Tierart	Muskel	Kontraktionszeit in msec
Ohrenqualle		500–1000
Weinbergschnecke	Tentakel-Retraktor	2500
Regenwurm	Längsmuskel	70–80
Schabe	Coxalmuskel	4–10
Hummer	schneller Remotor	10
Hummer	langsamer Remotor	50–60
Frosch	Zuckungsfaser	22
Frosch	tonische Faser	46
Frosch	M. sartorius	75
Kröte	M. semitendinosus	800
Schlange	M. costocutaneus	37–54
Schildkröte	Darm	30000
Fink	Flugmuskel	14
Kolibri	Flugmuskel	8
Faultier	M. gastrocnemius	174
Meerschweinchen	M. soleus	82,3
Ratte	M. soleus	36
Katze	M. soleus	70
Katze	M. gastrocnemius	40

Tabelle 1.2.4: Maximale Muskelkraft einiger Muskeln

Angegeben ist die Kraft in N pro cm^2 Muskelquerschnitt. Vergleiche dazu auch den sogenannten Tragerekord in Tabelle 1.2.5, der außer der maximalen Kraft auch die Dauer der Belastung berücksichtigt.

Werte nach Prosser 1973

Tierart	Muskel	Kraft in N/cm^2
Schabe	Coxalmuskel	7,8
Auster	Schließmuskel	117,7
Hummer	langsamer Remotor	27,5
Hummer	schneller Remotor	0,25
Frosch	M. sartorius	19,6
Kaninchen	Uterus	1,3

Tierart	Muskel	Kraft in N/cm^2
Hund	Glatter Muskel Trachea	7,8
Faultier	M. gastrocnemius	15,9
Faultier	Zwerchfell	20,6
Ratte	M. extensor digitorum	29,4
Ratte	M. gastrocnemius	17,7
Ratte	M. soleus	2,8
Ratte	Herzmuskel	0,2
Katze	M. tenuissimus	13,7
Katze	Ringmuskel Duodenum	4,1

Tabelle 1.2.5: Tragerekord einiger Muskeln

Der Tragerekord bezeichnet diejenige Last in g, die von 1 cm^2 Querschnitt eines Muskels eine Stunde lang getragen werden kann.

Werte nach Heidermanns 1957

Art	Muskeltyp	Tragerekord
Frosch	Wadenmuskel	4– 6
Kröte	Wadenmuskel	44– 67
Mensch	Bizeps	97–575
Teichmuschel	Schließmuskel	1– 2 Millionen

Tabelle 1.2.6: Zahl der Flügelschläge von Insekten pro Sekunde

Die damit zu erzielenden Geschwindigkeiten siehe Tabelle 1.2.10. Werte für Vögel siehe Tabelle 1.2.8.
Näheres zum Insektenflug siehe Siewing 1980.

Werte nach Bauer et coll. 1974, Bertelsmann 1979, Franz 1959, Hanke et coll. 1977, Lampeitl 1982, Meyer 1964

Art	Frequenz
Biene	
Arbeiterin	240–250
angreifende Arbeiterin	285
Königin	226–253
Drohne	207

Fortsetzung →

Art	Frequenz
Bläuling	11
Bremse	96
Eintagsfliege (Cloeon)	41– 44
Hummel	130–250
Köcherfliege	38
Kohlweißling	9– 12
Libelle (Plattbauch)	20
Libelle (Teufelsnadel)	22– 28
Maikäfer	46
Marienkäfer	75– 91
Schlammfliege (Eristalis)	177–188
Schmeißfliege (Calliphora)	155
Spinner	8
Stechmücke	278–307
Stubenfliege	180–330
Taubenschwanz	79– 85
Wanderheuschrecke	20
Weichkäfer	69– 87
Wespe	110
Wiesenschnake	44– 73
Zuckmücke (Forcipomyia)	1046

Tabelle 1.2.7: Flächen und Flächenbelastung von Insektenflügeln

Werte für Vögel siehe Tabelle 1.2.9. Der steigenden Flächenbelastung nach geordnet.

Nach Oppenheimer u. Pincussen 1925

Art	Gewicht in g	Fläche in cm^2	Flächenbelastung in cN/cm^2
Florfliege	0,008	1,66	0,0047
Kohlweißling	0,100	15,80	0,0062
Kleiner Fuchs	0,114	8,80	0,0111
Schwalbenschwanz	0,235	16,90	0,0136
Schlankjungfer	0,045	3,05	0,0147
Eintagsfliege (Ephemera)	0,0308	1,59	0,0190
Zuckmücke (Chironomus)	0,012	0,05	0,0235
Taubenschwänzchen	0,16	5,5	0,0284
Marienkäfer	0,031	0,93	0,0327
Libelle (L. depressa)	0,52	14,90	0,0342
Stubenfliege	0,0115	0,31	0,0364

Art	Gewicht in g	Fläche in cm^2	Flächenbelastung in cN/cm^2
Wespe, Arbeiterin	0,0780	1,36	0,0562
Ligusterschwärmer	1,740	25,5	0,0669
Honigbiene, Arbeiterin	0,067	0,9	0,0730
Maikäfer	0,667	8,15	0,0802
Hummel	0,118	1,18	0,0981
Mistkäfer	0,9039	5,90	0,1534
Kolbenwasserkäfer	4,82	19,5	0,1603

Tabelle 1.2.8: Flügelschlagfrequenzen von Vögeln

Die mit diesen Frequenzen zu erreichenden Geschwindigkeiten entnehme man Tabelle 1.2.10. Werte für Insekten siehe Tabelle 1.2.6.

Werte aus Dorst 1972, Hertel 1963, Herzog 1968, Ziswiler 1976

Art	Schläge pro sec
Amethyst-Kolibri	78 (!)
Amsel	5,6
Bläßhuhn	5,8
Elster	3
Eulen	4
Fasan	9
Fischreiher	2
Haussperling	13
Höckerschwan	2,7
Kolibris	30–50
Mäusebussard	3
Mauersegler	12
Pelikan	1,2
Rabenkrähe	5
Silbermöwe	3
Star	5,1
Stockente	5–10
Storch	2
Taube	8
Truthahn	3
Wanderfalke	4,3

Tabelle 1.2.9: Fläche und Flächenbelastung von Vogelflügeln

Entsprechende Werte für Insekten siehe Tabelle 1.2.7. Spannweiten von Vögeln siehe Tabelle 1.1.9. Die Werte sind nach der Größe der Flügelfläche geordnet.
Zum Vergleich: ein Segelflugmodell hat eine Flächenbelastung von 25 N/m^2

Nach Dorst 1972, Herzog 1968, Oppenheimer u. Pincussen 1925

Art	Fläche in dm^2	Flächenbelastung in N/m^2
Gänsegeier	104,5	71
Albatros	62,2	155
Adler	59,3	69
Höckerschwan	57,6	167
Großtrappe	55,5	74
Storch	55,2	66
Reiher	35,9	38
Graugans	30,7	112
Mantelmöwe	20,6	77
Rabe	20,5	30
Habicht	20,5	40
Bussard	20,3	41
Silbermöwe	20,1	41
Wanderfalke	15,4	37
Schleiereule	11,6	24
Stockente	11,5	93
Taube	8,4	24
Kiebitz	6,6	30
Elster	6,4	32
Turmfalke	4,9	44
Amsel	3,1	28
Buntspecht	2,4	30
Star	1,9	43
Rauchschwalbe	1,4	14
Mauersegler	1,3	29
Sperling	1,2	24
Kohlmeise	1,0	21
Buchfink	1,0	21
Goldhähnchen	0,5	11
Rubinkolibri	0,1	24

Tabelle 1.2.10: Maximale Geschwindigkeiten einiger Tiere

Alle Angaben in km/Std. Manche der angegebenen Geschwindigkeiten werden nur auf kurze Strecken erreicht. Die stark unterschiedlichen Angaben in der Literatur über Fluggeschwindigkeiten von Vögeln beruhen z.T. darauf, daß keine Aussagen darüber gemacht werden, ob die angegebenen Geschwindigkeiten mit oder ohne Rückenwind erzielt wurden.

Werte nach BAUER et coll. 1974, BERTELSMANN 1979, FRANZ 1959, GRZIMEK 1970, HANKE et coll. 1977, HEINROTH 1955, HERTEL 1963, HERZOG 1968, HESSE u. DOFLEIN 1935, KÄSTNER 1973, KRUMBIEGEL 1953, LAMPEITL 1982, MANN 1979, MOSSMANN u. SARJEANT 1983, NIETHAMMER 1979, SCHWERDTFEGER 1975, SLIJPER 1967, WOOD 1982, WUNDERLICH u. GLOEDE 1977, ZISWILER 1976

Art	km/Std.
Schwimmen	
Aal	12
Delphin	46
Eiderente	35
Eisbär	10
Eselspinguin (unter Wasser)	36
Finnwal	55
Forelle	35
Gelbrandkäfer	1,8
Grauwal	7,5
Hai	36
Lachs	39
Marlin	80
Mensch (100 m Freistil)	7
Riesenkalmar	40
Ringelnatter	2,9
Ringelrobbe	32
Schwertfisch	90 (!)
Schwertwal	65
Seeschlangen	3,6
Thunfisch	75
Kriechen, Laufen	
Antilopen	70
Bison	55
Pflanzenfressende Dinosaurier	6
Raubdinosaurier	16,5
Dromedar	50
Eisbär	65
Afrikanischer Elefant	39
Eskimohunde	23,4
Faultier	0,146
Feldmaus	8
Flußpferd	48
Gazelle	75
Gepard	120 (!)
Giraffe	51
Gnu	60
Hase	65
Hauskatze	48
Hausmaus	12
Hirsch	67
Kamel	15
Kiefernspinner-Raupe	0,018
Klapperschlange	4
Kojote	60
Kugeltausendfuß (Glomeris)	0,013
Löwe	75
Grüne Mamba	11,3
Schwarze Mamba	17,6
Maulwurf	4
Mensch (100 m-Lauf)	36
Mensch (fliegender Start)	44,6
Nashorn	51
Pferd (Galopp)	36
Pferd (Trab)	13,5
Planarie	0,009
Ratte	9,6
Rennkuckuck	24
Rennpferd	69
Riesenschildkröte	0,33

Fortsetzung →

Art	km/Std.
Rotes Riesenkänguruh	80
Seestern	0,000576
Smaragdeidechse	29
Spinne (Tegenaria atrica)	1,3
Strandkrabbe	3,6
Strauß	72
Tausendfüßer (Lithobius)	1
Wapiti	70
Weinbergschnecke	0,00324
Wildesel	65
Wildpferd	60
Windhund	110
Wolf	60
Zebra	65
Fliegen	
Albatros	70
Biene	29
Bremse	50
Brieftaube	80
Brieftaube, mit Rückenwind	177
Eisvogel	58
Falken	79
Fledermaus	50
Fliegender Fisch	75
Florfliege	2,2
Gänse	91
Gänsesäger	129
Habicht	42
Haussperling	45
Hornisse	22
Hummel	18
Kohlweißling	14
Kormoran	70
Libelle	30
Mäusebussard	45
Maikäfer	11
Mauersegler	180
Rabenvögel	59
Rebhuhn	85
Rinderbremse	22
Sandlaufkäfer	8
Schmeißfliege	11
Schwärmer	54
Schwalbe	65
Schwan	50
Sperber	58
kleine Sperlingsvögel	bis 61
Stachelschwanzsegler	335 (!)
Star	81
Stechmücke	1,4
Stockente	104
Storch	45
Stubenfliege	8,2
Taubenschwanz	18
Wanderfalke, Sturzflug	290
Wanderheuschrecke	16

Tabelle 1.2.11: Sprungweiten einiger Tiere

Geordnet nach der Größe des Vielfachen der Körperlänge (K. L.).

Angaben nach Cochran 1970, Grzimek 1970, Hesse u. Doflein 1935, Krumbiegel 1953, Wood 1982

Art	Sprungweite	Vergleich zur Körpergröße
Löwe	4–5 m	2–3-faches der K. L.
Tiger	5 m	2–3-faches der K. L.
Fuchs	2,8 m	4,3-faches der K. L.
Rothirsch	11 m	4,5-faches der K. L.

Art	Sprungweite	Vergleich zur Körpergröße
Rennkuckuck	3 m	6-faches der K.L.
Impala-Antilope	10 m	6-faches der K.L.
Mauswiesel	1,2 m	6-faches der K.L.
Känguruh	6–10 m	7-faches der K.L.
	max. 13,5 m	
Waldmaus	0,7 m	8-faches der K.L.
Ochsenfrosch	2 m	10-faches der K.L.
Gibbon	12 m	13-faches der K.L.
Springmaus	2,5 m	15-faches der K.L.
Heuschrecke	2 m	30-faches der K.L.
Springfrosch	2 m	33-faches der K.L.
Nördlicher Grillenlaubfrosch (Acris crepitans)	1,25 m	36-faches der K.L.
Afrikanischer Spitzmaulfrosch (Rana oxyrhynchos)	3,6 m	45-faches der K.L.
Floh	0,6 m	200-faches der K.L.
zum Vergleich:		
Mensch, derzeitiger Weltrekord	8,9 m	5-faches der K.L.

Tabelle 1.2.12: Fluggeschwindigkeiten beim Vogelzug

Maximalgeschwindigkeiten siehe Tabelle 1.2.10. Jährliche Flugstrecken beim Zug siehe Tabelle 1.2.13. Geordnet nach der Größe der Geschwindigkeit.

Nach Creutz 1965, Dorst 1972, Schüz 1971

Art	km/Std
Neuntöter	40
Sperber	41,4
Rauchschwalbe	44
Wespenbussard	45
Schafstelze	46–48
Ringeltaube, Kranich, Mantelmöwe, Nebelkrähe	50
Erlenzeisig	51
Saatkrähe	52,2
Buchfink	52,5
Wiesenpieper	53
Wanderfalke	59,2
Kreuzschnabel	59,8
Turteltaube	61–72

Fortsetzung →

Art	km/Std
Dohle	61,6
Star	74,2
Regenpfeifer	90
Krickente	120
Mauersegler	150

Tabelle 1.2.13: Flugstrecken beim Vogelzug

Die Werte sind für jeweils Hin- und Rückflug angegeben. Die jährlich zurückgelegte Strecke ist also doppelt so lang. Werte für die Zuggeschwindigkeit siehe Tabelle 1.2.12. Geordnet nach der Länge des Zugweges.

Angaben nach Berndt u. Meise 1959, Creutz 1956, Schüz 1971, Ziswiler 1976

Art	Zugweg
Star	1400 km
Singdrossel	2600 km
Kiebitz	3000 km
Wachtel	5000 km
Grönlandsteinschmätzer	5000 km
Japanische Bekassine	5000 km
Klappergrasmücke	6000 km
Kranich	6500 km
Kuckuck	9500 km
Rauchschwalbe	10000 km
Storch	10000 km
Amur-Rotfußfalke	10000 km
Mornellregenpfeifer	12000 km
Nordamerikanischer Goldregenpfeifer	15000 km
Kurzschwanzsturmtaucher	17500 km
Graubruststrandläufer	20000 km
Küstenseeschwalbe	20000 km

Tabelle 1.2.14: Zugzeiten einiger einheimischer Zugvögel

Die Monate sind durch römische Ziffern gekennzeichnet. Die Ziffern 1, 2, 3 hinter dem Strich bedeuten 1., 2. oder 3. Drittel des betreffenden Monats.

Angaben aus SCHÜZ 1971, SIEDENTOP u. FLINDT 1977

Art	Frühjahrszug Monate	Herbstzug Monate
Bachstelze	III–V	X
Baumpieper	IV/2,3	IX
Bekassine	III–IV	IX–XI
Brachvogel	IV	VIII/3–X
Dorngrasmücke	IV/3–V	IX
Drosselrohrsänger	IV/3	VIII–IX
Fitislaubsänger	IV/2	IX–X
Fischreiher	III–IV	IX–X
Gartengrasmücke	V	IX
Gartenrotschwanz	IV/1	X
Graugans	III	IX–X
Hausrotschwanz	III/1	X
Heidelerche	II–III	IX–X
Kiebitz	III/1	VIII–X
Knäkente	III/3–IV	VIII–IX
Kranich	III/3–IV	XI
Kuckuck	IV	VIII–IX
Mauersegler	IV/3–V/1	VIII/1
Mönchsgrasmücke	IV/2–V	IX–X
Nachtigall	IV/3	VIII/3–IX
Pirol	IV/3–V/1	IX/1
Rauchschwalbe	IV/3	IX–X
Schilfrohrsänger	IV	IX–X
Singdrossel	II–III	IX–X
Storch	II–IV	VII–VIII
Wacholderdrossel	III–V/1	X–XI
Wachtel	V/3	VIII/2–X
Waldlaubsänger	IV/3–V/1	VIII/3–IX
Wendehals	IV/2–V/1	VIII/3–IX
Wiedehopf	IV/2	IX–X
Zaungrasmücke	IV/2	IX–X
Zilpzalp	III/2	IX–XI

1.3 Ernährung, Verdauung

Tabelle 1.3.1: Abbau der Nährstoffe im Körper

RQ = Respiratorischer Quotient.
Näheres zur Verdauung siehe SIEWING 1980.

Nach PENZLIN 1970

	O_2-Verbrauch in cm^3 pro g Nährstoff	CO_2-Abgabe in cm^3 pro g Nährstoff	RQ CO_2/O_2	Energie in kcal pro g (kJ/g)	Kalorisches Äquivalent kcal/Liter O_2 (kJ/Liter O_2)
Kohlenhydrate	820	820	1	4,1 (17,2)	5,05 (21,1)
Fette	2020	1430	0,71	9,4 (39,3)	4,65 (19,5)
Eiweiße physiolog. Oxidation	960	770	0,8	4,3 (18,0)	4,49 (18,8)

Tabelle 1.3.2: Täglich benötigte Nahrungsmenge

Angaben in % des Körpergewichts. Nach steigendem Nahrungsbedarf geordnet. Der Nahrungsbedarf hängt mit dem Grundumsatz zusammen. Siehe Tabelle 1.4.1.

Nach HESSE u. DOFLEIN 1935, NIETHAMMER 1979, SCHWERDTFEGER 1963, SLIJPER 1967

Art	Nahrungsbedarf
Anakonda	0,013 %
Indischer Elefant	1,0 %
Bär	2,0 %
Tiger	2,8 %
Löwe	2,9 %
Rind	3,0 %
Huhn	3,5 %
Bussard	4,5 %
Steinkauz	6,5 %
Turmfalk	8 %
Singdrossel	10 %
Star	11,9 %
Goldhähnchen	18 %
Mauswiesel	25 %
Blaumeise	30 %
Maus	40 %
Maulwurf	100 %
Spitzmäuse	100 %
Kolibri	200 %
Zwergspitzmaus	200 %

Tabelle 1.3.3: Zahnformeln von Säugetieren

Die Zahlen über dem Bruchstrich geben die Anzahl der verschiedenen Zahnarten in einer Oberkieferhälfte in der Reihenfolge Schneidezähne, Eckzahn, Vorbackenzähne, Backenzähne wieder. Die Zahlen unter dem Bruchstrich kennzeichnen in gleicher Weise den Unterkiefer.

Angaben nach Brink 1975, Brohmer 1977, Giersberg u. Rietschel 1968, Grzimek 1970, Krumbiegel 1953

Art		Zahnformel
Altweltaffen		$\frac{2\ 1\ 2\ 3}{2\ 1\ 2\ 3}$
Bären		$\frac{3\ 1\ 4\ 2}{3\ 1\ 4\ 3}$
Baummarder		$\frac{3\ 1\ 4\ 1}{3\ 1\ 4\ 2}$
Biber		$\frac{1\ 0\ 1\ 3}{1\ 0\ 1\ 3}$
Bilche	wie Biber	
Dachs	wie Baummarder	
Eichhörnchen		$\frac{1\ 0\ 2\ 3}{1\ 0\ 1\ 3}$
Elefant		$\frac{1\ 0\ 3\ 3}{0\ 0\ 3\ 3}$
Fledermäuse		
Hufeisennasen		$\frac{1\ 1\ 2\ 3}{2\ 1\ 3\ 3}$
Mausohren		$\frac{2\ 1\ 3\ 3}{3\ 1\ 3\ 3}$
Flußpferd		$\frac{2\ 1\ 4\ 3}{2\ 1\ 4\ 3}$
Fuchs	wie Bären	
Gemse		$\frac{0\ 0\ 3\ 3}{3\ 1\ 3\ 3}$
Giraffe	wie Gemse	
Halbaffen		$\frac{2\ 1\ 3\ 3}{2\ 1\ 3\ 3}$
Hamster		$\frac{1\ 0\ 0\ 3}{1\ 0\ 0\ 3}$

Fortsetzung →

Art		Zahnformel
Hase		$\frac{2\ 0\ 3\ 3}{1\ 0\ 2\ 3}$
Haselmaus	wie Biber	
Hermelin		$\frac{3\ 1\ 3\ 1}{3\ 1\ 3\ 2}$
Hirsch	wie Gemse	
Hund	wie Bären	
Hyäne		$\frac{3\ 1\ 3\ 1}{3\ 1\ 3\ 1}$
Igel		$\frac{3\ 1\ 3\ 3}{2\ 1\ 2\ 3}$
Iltis	wie Hermelin	
Kamel		$\frac{1\ 1\ 3\ 3}{3\ 1\ 2\ 3}$
Kaninchen	wie Hase	
Katze		$\frac{3\ 1\ 3\ 1}{3\ 1\ 2\ 1}$
Lama		$\frac{1\ 1\ 2\ 3}{3\ 1\ 2\ 3}$
Löwe	wie Katze	
Luchs		$\frac{3\ 1\ 2\ 1}{3\ 1\ 2\ 1}$
Mäuse, Echte	wie Hamster	
Maulwurf		$\frac{3\ 1\ 4\ 3}{3\ 1\ 4\ 3}$
Mauswiesel	wie Hermelin	
Meerschweinchen	wie Biber	
Mensch	wie Altweltaffen	
Menschenaffen	wie Altweltaffen	
Murmeltier	wie Eichhörnchen	
Nashorn		$\frac{0\ 0\ 4\ 3}{0\ 0\ 3\ 3}$
Neuweltaffen	wie Halbaffen	
Opossum		$\frac{5\ 1\ 3\ 4}{4\ 1\ 3\ 4}$

Art		Zahnformel
Pferde		$\frac{3\ 1\ 3\ 3}{3\ 1\ 3\ 3}$
Ratten	wie Hamster	
Reh	wie Gemse	
Rind	wie Gemse	
Schaf	wie Gemse	
Schweine	wie Maulwurf	
Seehund		$\frac{3\ 1\ 4\ 1}{2\ 1\ 4\ 1}$
Siebenschläfer	wie Biber	
Spitzmäuse		
Gattung Sorex		$\frac{3\ 1\ 3\ 3}{1\ 1\ 1\ 3}$
Gattung Neomys		$\frac{3\ 1\ 2\ 3}{1\ 1\ 1\ 3}$
Gattung Crocidura		$\frac{3\ 1\ 1\ 3}{1\ 1\ 1\ 3}$
Stachelschwein	wie Biber	
Steinbock	wie Gemse	
Steinmarder	wie Baummarder	
Tapir		$\frac{3\ 1\ 4\ 3}{3\ 1\ 3\ 3}$
Tiger	wie Katze	
Walroß		$\frac{3\ 1\ 3\ 2}{3\ 1\ 3\ 1}$
Waschbär		$\frac{3\ 1\ 4\ 2}{3\ 1\ 4\ 2}$
Wildkatze	wie Katze	
Wolf	wie Bären	
Wühlmäuse	wie Hamster	
Ziege	wie Gemse	

Tabelle 1.3.4: Länge des Darms verschiedener Wirbeltiere

Die relative Darmlänge (im Verhältnis zur Körperlänge) siehe Tabelle 1.3.5.

Angaben nach Bertelsmann 1979, Buddenbrock 1956, Haltenorth 1977, Krumbiegel 1953, Meyer 1964, Niethammer 1979

Art	Länge
Blauwal	120,0 m
Braunbär	17,0 m
Afrikanischer Elefant	19,0 m
Fledermaus	0,25 m
Huhn	1,8 m
Hund	5,0 m
Igel	1,7 m
Kamel	42,0 m
Kaninchen	5,6 m
Katze	2,1 m
Löwe	6,9 m
Maulwurf	1,2 m
Maus	0,5 m
Mensch	6,0–8,0 m
Pferd	30,0 m
Pottwal	288,0 m (!)
Ratte	1,3 m
Reh	12,0 m
Rind	51,0 m
Schaf	31,0 m
Schildkröte	0,9 m
Schwein	22,0 m
Seekuh	44,0 m
Wasserspitzmaus	0,26 m
Wolf	5,8 m
Ziege	32,0 m

Tabelle 1.3.5: Relative Darmlänge verschiedener Tiere

Angegeben ist das Verhältnis von Darmlänge zu Körperlänge. Die absoluten Längen siehe Tabelle 1.3.4. Innerhalb der Pflanzenfresser (langer Darm) und der Fleischfresser (kurzer Darm) sind die Därme kleinerer Tiere relativ länger als die der größeren. Eine Ausnahme bildet innerhalb der Wale der Pottwal, wahrscheinlich aufgrund seiner Tintenfischnahrung.

Werte nach BAUER et coll. 1974, BUDDENBROCK 1956, BERTELSMANN 1979, HALTENORTH 1977, HESSE u. DOFLEIN 1935, KRUMBIEGEL 1953, Lexikon der Biologie, MEYER 1964, NIETHAMMER 1979, ZISWILER 1976

Art	Verhältnis der Länge	Art	Verhältnis der Länge
Blauwal	4,5	Olm	3
Braunbär	8	Orang Utan	4,5
Braunfisch	20	Pferd	12
Delphin	15	Pillendreher (Scarabaeus)	13
Elefant	7	Pottwal	16–24
Fledermaus	1,9	Python	1,8
Flußpferd	12–14	Ratte	9–11
Fuchs	2,9	Reh	11
Gelbrandkäfer	1	Rind	22–29
Hecht	1	Schaf	27
Huhn	1,8	Schildkröten	5
Hund	5– 6	Schlangen	1
Igel	6,6	Schwein	14–15
Kamel	12	Seehund	28
Kaninchen	10	Seelöwe	37
Katze	3– 4	Steinbock	27
Leguan	0,3	Sumpfschildkröte	9
Löwe	3,9	Taube	7
Maikäfer	7	Tiger	5
Maulwurf	8–11	Waldspitzmaus	1,3
Maus	8	Wasserspitzmaus	3
Mensch	7,5	Wolf	4,7
Nilkrokodil	1,8	Zwergwal	56

Tabelle 1.3.6: Prozentualer Anteil von Magen, Dünndarm und Blinddarm am Gesamtvolumen des Darmtrakts verschiedener Säugetiere

Absolute Werte siehe auch Tabelle 1.3.7.

Aus BUDDENBROCK 1956, verändert

Art	Magen %	Dünndarm %	Blinddarm %
Bisamratte	27,2	16,5	37,8
Eichhörnchen	42,1	33,4	14,0
Hund	62,3	23,3	1,3
Kaninchen	15,1	37,7	31,4
Meerschweinchen	19,4	31,1	21,4
Nutria	19,4	16,7	44,4
Pferd	8,5	30,2	15,9
Weiße Ratte	24,2	43,7	16,8
Rind	70,8	18,5	2,8
Schaf	66,9	20,4	2,3
Schwein	29,2	33,5	5,6
Ziege	66,9	20,4	2,3

Tabelle 1.3.7.: Fassungsvermögen des Verdauungstraktes und seiner Teile bei einigen Haustieren

Aus KOLB 1974

	Fassungsvermögen absolut, in l	Relatives Fassungsvermögen, in %
Katze	0,579	
Magen	0,341	69,5
Dünndarm	0,114	14,6
Dickdarm	0,124	15,9
Hund	6,95	
Magen	4,33	62,3
Dünndarm	1,62	23,3
Blinddarm	0,09	1,3
Dick- u. Enddarm	0,91	13,1
Schwein	27,45	
Magen	8,00	29,2
Dünndarm	9,20	33,5
Blinddarm	1,55	5,6
Dick- u. Enddarm	8,70	31,7

	Fassungsvermögen absolut, in l	Relatives Fassungsvermögen, in %
Pferd	211,34	
Magen	17,96	8,5
Dünndarm	63,82	30,2
Blinddarm	33,54	15,9
Dickdarm	96,02	45,4
Schaf	44,2	
Magen	29,6	66,9
Dünndarm	9,0	20,4
Blinddarm	1,0	3,3
Dick- u. Enddarm	4,6	10,4
Rind	356,4	
Magen	252,5	70,8
Dünndarm	66,0	18,5
Blinddarm	9,9	2,8
Dick- u. Enddarm	28,0	7,9

Tabelle 1.3.8: pH-Optimum der Wirkung einiger Verdauungsenzyme von Säugetieren

Werte nach BAUER et coll. 1974, BUDDENBROCK 1956, Documenta Geigy 1975, GANONG 1972, KARLSON 1974

Enzym	pH-Wert
Aminopeptidase	8,0
Carbohydrasen	7,0
Chymotrypsin	7,5–8,5
Enteropeptidase	6,0
Gastricin	3,0–3,5
Kathepsin	4,0–6,0
Lipasen von Fleischfressern	8,0
Lipasen von Pflanzenfressern	8,4–9,0
Maltase	6,6–7,0
Pankreas-α-Amylase	6,9–7,1
Pepsin A	1,5–2,5
Ptyalin	6,7
Trypsin	7,5–8,5

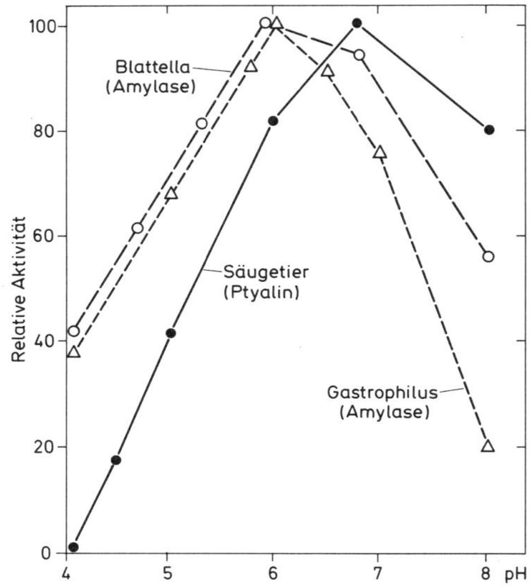

Abb. 1.3.8: Abhängigkeit der Aktivität verschiedener Amylasen vom pH-Wert. Siehe auch Tabelle 1.3.8. Aus PENZLIN 1980, S. 33.

Tabelle 1.3.9: pH-Wert des Speichels von Säugetieren

Aus BUDDENBROCK 1956, verändert

Art	pH-Wert
Hund	7,34–7,80
Pferd	7,31–7,80
Rind	7,99–8,27
Schwein	7,15–7,47
Mensch	5,93–6,86

Tabelle 1.3.10: pH-Werte im Darmtrakt verschiedener Vögel

Werte für Säuger siehe Tabelle 1.3.11.

Werte aus BUDDENBROCK 1956, KOLB 1974

	Kropf	Muskelmagen	Duodenum	Ileum	Dickdarm	Blinddärme
Huhn	4,51	2,6	5,76–6,01	5,78–6,42	6,26	5,71
Taube	4,28	2,0	5,23–5,39	5,32–5,89	5,43	
Fasan	5,78	2,06	6,01–6,19	6,18–6,81	6,61	5,39
Ente	4,92	2,33	6,01–6,19	6,71–6,95	6,37	5,88

Tabelle 1.3.11: pH-Werte im Darmtrakt verschiedener Säuger

Werte nach verschiedenen Autoren aus BUDDENBROCK 1956, verändert

	Magen	Duodenum	Jejunum	Ileum	Caecum	Colon	Rektum
Pferd	4,48	7,5	7,79		7,26	6,95	
Pferd	4,45	7,13	7,46		7,23	7,09	6,24
Schwein	5,46	6,63	7,44		7,24	6,85	
Ratte		6,98		7,32	7,28	7,15	
Ratte	3,2–4,6	6,5–7,2			5,5–7,3	5,6–7,1	
Rind	4,95 Labmagen	5,98–7,49		7,54	8,68	7,15	
Rind	5,53	6,83	8,55	7,93	9,41		
Saugkalb	4,46	6,8–7,1	6,9–7,2	7–7,3	7,2–7,5	7,1–7,5	7,1–7,5

Tabelle 1.3.12: pH-Werte im Mitteldarm verschiedener wirbelloser Tiere

Aus BUDDENBROCK 1956, verändert

Art	pH-Wert
Bettwanze	6,2
Biene	6,3
Feldwespe (Polistes)	7,3
Goldfliege (Lucilia)	7,8– 8,0
Grille	7,6
Heuschrecke (Tettigonia)	5,9
Laus	7,2
Mehlmotte	8,4
Nashornkäfer	10,0–10,4
Sandklaffmuschel (Mya arenaria)	6,7
Schabe (Blatella)	6,2
Stabheuschrecke	6,3
Tagschmetterling (Pyrameis)	8,4
Urinsekten (Ctenolepisma)	4,8– 7,0

Tabelle 1.3.13: Dauer der Darmpassage bei verschiedenen Wirbeltieren

Angegeben ist die Durchgangsgeschwindigkeit der Nahrung durch den Darm, sowie Beginn und Ende der Defäkation.

Werte nach BUDDENBROCK 1956, HALTENORTH 1977

Art	Durchgangsgeschwindigkeit in cm/Std	Beginn der Defäkation	Ende der Defäkation
Fledermaus	3,3	41 Min	7 Std
Hund	7,7	17 Std	2,7 Tage
Kamel	9,7		18 Tage
Kaninchen	4,7	5 Std	5 Tage
Maus	6,4	3 Std	8,5 Std
Pferd	35,7	24 Std	3,5 Tage
Ratte	1,1	6,5 Std	5 Tage
Rind	17,7	25 Std	12 Tage
Schaf	8,1	12 Std	16 Tage
Schwein	22,9	13 Std	4 Tage

Tabelle 1.3.14: Relatives Lebergewicht einiger Wirbeltiere

Angaben in % des Körpergewichts. Es handelt sich um Mittelwerte.

Nach BUDDENBROCK 1956, HALTENORTH 1977, KOLB 1974

Art	%	Art	%
Eichhörnchen	2,2	Mensch	3,0
Afrikanischer Elefant	1,6	Pferd	1,4
Ente	2,4	Ratte	3,8
Feldmaus	4,6	Rind	1,2
Flußpferd	1,8	Schaf	1,3
Glatthai	9,7	Schimpanse	2,8
Goldhamster	5,2	Schokoladenhai (Scymnorhinus)	22,7
Gorilla	5,1	Schwein	2,4
Huhn	2,7	Sperling	5,6
Hund	2,9	Stechrochen (Trygon)	14,9
Kaninchen	2,7	Taube	3,0
Katze	3,6	Wolf	2,8
Kröte	2,8	Ziege	1,3
Löwe	3,2	Zitterrochen	5,7
Maus	7,1		
Meerschweinchen	3,9		

Tabelle 1.3.15: Größe der täglichen Gallenproduktion bei verschiedenen Wirbeltieren

Angaben bezogen auf das Lebergewicht und das Körpergewicht.

Aus BUDDENBROCK 1956, verändert

Art	cm^3 Galle pro g Leber und 24 Std	cm^3 Galle pro kg KG und 24 Std
Ente	0,91	40,1
Hamster	3,03	72,3
Huhn	0,58	14,2
Hund	0,36	12,0
Kaninchen	4,53	118,0
Katze	0,45	14,0
Maus	0,63	34,9
Meerschweinchen	6,50	228,0
Mensch	0,64	16,0
Pferd	1,46	20,8
Ratte	1,25	47,1
Rind	0,86	15,4
Schaf	0,98	12,1
Schwein	1,04	25,2
Taube	1,64	40,1
Ziege	0,87	11,8

1.4 Stoffwechsel

Tabelle 1.4.1: Grundumsatz von einigen Tieren

Angegeben ist der Sauerstoffverbrauch in cm³ O_2 pro g Körpergewicht und Stunde. 1 cm³ O_2 entspricht 1,43 mg. Der Grundumsatz bei gleichwarmen kleinen Tieren ist, bezogen auf das Körpergewicht, höher als bei vergleichbaren großen, da die Oberfläche bei steigender Größe nur in der 2. Potenz, das Gewicht (= Volumen) aber in der 3. Potenz zunimmt. Bezogen auf die Körperoberfläche ist der Grundumsatz etwa gleich. Näheres siehe auch SIEWING 1980.

Angaben nach FLOREY 1976, HEIDERMANNS 1957, PROSSER 1973, WHITTOW 1970

Art	O_2-Verbrauch in cm³ O_2 pro g KG und Stunde	Art	O_2-Verbrauch in cm³ O_2 pro g KG und Stunde
Wirbellose		**Wirbeltiere**	
Amöbe	0,2	Aal	0,088
Flußkrebs	0,1	Alligator	0,079
Hummer	0,5	Buchfink	3,3
Kellerassel	0,096	Eidechse (Lacerta)	0,245
Krake (Octopus)	0,09 –0,28	Elefant	0,07 –0,11
Mehlwurm	0,182	Fledermaus	1,74
Miesmuschel	0,005–0,076	Forelle	0,205–0,22
Pantoffeltierchen	1,0 –1,3	Frosch (Rana)	0,055
Regenwurm	0,065	Kaulquappe (Rana)	0,065
Schlammschnecke	0,011	Goldfisch	0,042–0,07
Schmeißfliege	1,7	Hase	0,96
Schwamm (Suberitis)	0,24	Hausmaus	1,7
Seeanemone	0,013	Huhn	0,43
Seeigel	0,004–0,027	Hund	0,36
Seestern	0,03 –0,4	Känguruh	0,29
Spulwurm	0,5	Kamel	0,099
Strandkrabbe	0,094	Kaninchen	0,55
Tagschmetterling (Vanessa)	0,6	Karpfen	0,067
Teichmuschel	0,002	Katze	0,45
Wattwurm	0,031	Kolibri	4,0
		Meerschweinchen	0,6 –0,9
		Mensch	0,21 –0,24
		Pferd	0,03 –0,04
		Python	0,02
		Ratte	0,88 –0,95
		Rind	0,124
		Ringelnatter	0,07
		Schaf	0,25
		Schwein	0,35
		Sperling	3,53
		Spitzmaus	7,0 –10,6

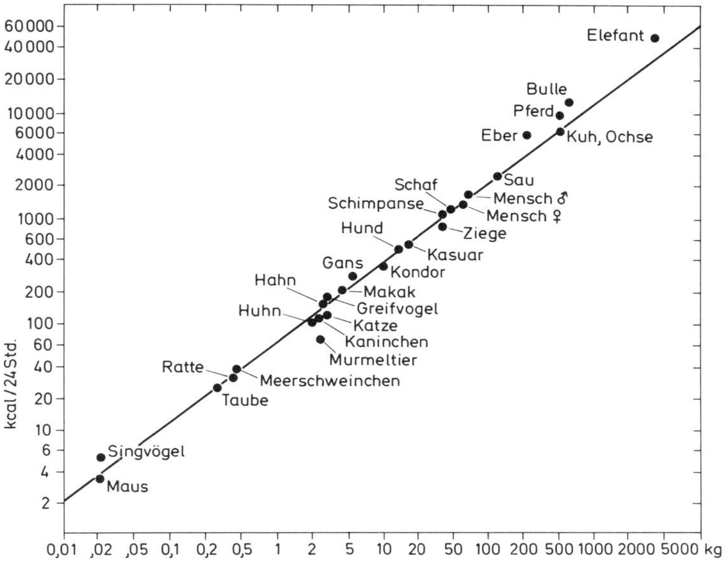

Abb. 1.4.1: Abhängigkeit des Grundumsatzes vom Körpergewicht verschiedener gleichwarmer Tiere in doppelt-logarithmischer Auftragung. Siehe auch Tabelle 1.4.1.
Aus Penzlin 1980, S. 49.

Tabelle 1.4.2: Körpertemperaturen einiger gleichwarmer Tiere

Die angegebenen Temperaturen sind Mittelwerte von Rektaltemperaturen. Tagesschwankungen der Körpertemperatur siehe Tabelle 1.4.3.

Werte nach Bertelsmann 1979, Dorst 1972, Kolb 1974, Meyer 1964, Niethammer 1979, Penzlin 1977, Precht et coll. 1955, Slijper 1967, Wittke 1972, Ziswiler 1976

Art	Körpertemperatur in °C	Art	Körpertemperatur in °C
Vögel			
Albatros	40,7	Königspinguin	37,7
Amsel	43,6	Lachmöwe	41,4–42,1
Buntspecht	42,1–43,3	Mäusebussard	42,0
Ente	40,5–42,5	Mauersegler	44,0
Fuchskolibri	39,0	Rabenkrähe	42,0
Gans	40,7	Rotkehlchen	44,6
Habicht	41,9	Sperber	41,2
Huhn	41,5	Sperling	41,4

Fortsetzung →

Art	Körpertemperatur in °C	Art	Körpertemperatur in °C
Star	41,3	Kaninchen	39,2–39,6
Storch	40,0	Kapuzineraffe	38,5
Strauß	37,4	Katze	38,8–39,0
Taube	41,8	Maulwurf	39,4
Waldkauz	41,0	Maus	38,0
Zaunkönig	41,8	Meerschweinchen	36,0–39,2
		Mensch	36,2–37,8
Säugetiere		Murmeltier	36,0
Ameisenigel	32,0	Pferd	37,6–37,8
Dromedar	38,1	Ratte	38,1
Elefant	36,2	Rentier	37,5–39,8
Fledermaus	31,0	Rind	38,5
Flußpferd	35,4	Schaf	39,5
Fuchs	38,5	Schimpanse	37,0
Haselmaus	30,0	Schnabeligel	30,0
Hund	38,3–39,0	Schwein	39,0
Igel, wach	35,0	Spitzmaus	42,0
Igel, Winterschlaf	6,0	Wale	36,5
Känguruh	36,8	Ziege	40,0

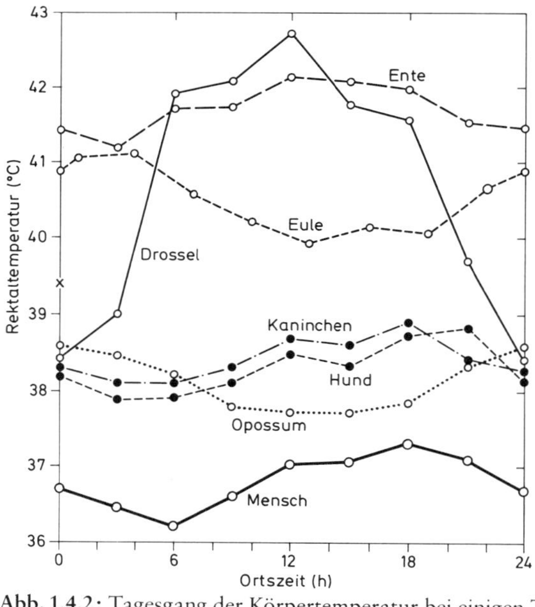

Abb. 1.4.2: Tagesgang der Körpertemperatur bei einigen Tieren. Man beachte den Unterschied zwischen den nachtaktiven Tieren (Eule, Opossum) und den tagaktiven.
Aus Precht, Christophersen und Hensel 1955.

Tabelle 1.4.3: Größe der Tagesschwankung der Körpertemperatur einiger gleichwarmer Tiere

Mittelwerte der Körpertemperatur siehe Tabelle 1.4.2.

Werte nach NIETHAMMER 1979, PRECHT et coll. 1955

Art	Schwankung in °C
Drossel	4,0
Ente	0,9
Eule	0,9
Habicht	1,8
Hund	0,9
Igel	2,0
Kamel	3,0
Kaninchen	0,8
Meerschweinchen	0,8
Mensch ♀	1,2
Mensch ♂	1,4
Möwe	1,7
Rhesusaffe	3,6
Schnabeligel	3,0
Star	3,3
Taube	1,4

Tabelle 1.4.4: Vorzugstemperaturen einiger Tiere

Unter der Vorzugstemperatur versteht man diejenige Temperatur, bei der sich ein Tier am liebsten aufhält und die es aktiv aufsucht.

Werte nach BELLAIRS 1971, GRZIMEK 1970, HERTER 1962, KÄSTNER 1972, KEMPER u. DÖHRING 1967, MEYER 1964

Art	Vorzugstemperatur °C
Wirbellose	
Bettwanze	33
Feldgrille	37
Flußkrebs (Cambarus)	25
Frostspanner	6
Gelbrandkäfer	25
Hundefloh	38
Kleiderlaus	32,5
Laubheuschrecke	40,7

Fortsetzung →

Art	Vorzugstemperatur °C
Laufkäfer (Carabus granulatus)	30
Ohrwurm	32
Pantoffeltierchen	23–25
Sandlaufkäfer	44
Schneefloh (Boreus hiemalis)	9,8
Wespe, Königin	38,1
Wespe, Arbeiterin	35,4
Wüstenkäfer (Adesmia metallica)	49
Wirbeltiere	
Blindschleiche	28,4
Chamäleon	45
Erdkröte	27,9
Feldmaus	35
Gecko (Tarentola)	38
Goldfisch	18,6
Griechische Landschildkröte	25–33
Guppy	24,6
Hausmaus	37
Karpfen	21,3
Kreuzotter	33
Meerechse	22–27
Meerschweinchen	36
Mississippi-Alligator	32–35
Regenbogenforelle	10,5
Riesenschildkröte	28–33
Ringelnatter	34,3
Schermaus	29
Zauneidechse	38,8

Tabelle 1.4.5: Dauer des Winterschlafs (bzw. Winterstarre oder Winterruhe) einiger einheimischer Wirbeltiere

Angabe nach BERTELSMANN 1977, MERTENS 1947, MEYER 1964, SIEDENTOP u. FLINDT 1977

Art	Dauer
Blindschleiche	4–5 Monate
Eichhörnchen	2–3,5 Monate
Erdkröte	4–5 Monate
Fledermäuse	5–6 Monate
Grasfrosch	4–5 Monate
Hamster	2–3,5 Monate
Haselmaus	6–7 Monate
Igel	3–4 Monate
Kreuzotter	4–5 Monate
Laubfrosch	5–6 Monate
Mauereidechse	5–6 Monate
Murmeltier	5–6 Monate
Ringelnatter	4–5 Monate
Siebenschläfer	6–7 Monate
Teichmolch	3–4 Monate
Waldeidechse	5–6 Monate
Zauneidechse	5–6 Monate

1.5 Exkretion

Tabelle 1.5.1: Zahl der Glomeruli in den Nieren verschiedener Wirbeltiere

Neben der absoluten Zahl ist auch die Zahl pro g Körpergewicht (KG) angegeben. Geordnet nach der Zahl der Glomeruli.

Werte aus Haltenorth 1977, Oppenheimer u. Pincussen 1930, Portmann 1959, Sturkie 1976, Ziswiler 1976

Art	Zahl der Glomeruli	Glomerulizahl pro g KG
Molch	400	80
Frosch	2000	70
Maus	10000	670
Fledermaus	34000	9675
Ratte	52000	123
Waldmaus	72000	3092
Spitzmaus	82000	12660
Eichhörnchen	100000	304
Maulwurf	130000	1855
Hase	163000	87
Igel	186000	238
Kaninchen	285000	188
Pavian	305000	156
Katze	460000	200
Hund	500000	50
Taube	535000	1274
Fuchs	695000	203
Huhn	840000	336
Dachs	962000	80
Reh	1500000	60
Gans	1659000	307
Ente	1989000	542
Mensch	2000000	27
Delphin	3990000	139
Hirsch	4590000	32
Seehund	4643000	268
Rind	8000000	12

Tabelle 1.5.2: Harnproduktion von Säugetieren

Die Angaben stellen Mittelwerte dar. Sie sind unter dem Einfluß von unterschiedlichem Futter und veränderter Flüssigkeitsaufnahme starken Schwankungen unterworfen. Zum Mechanismus der Harnbildung siehe SIEWING 1980. Für den Menschen siehe auch Tabelle 4.5.15.

Aus BUDDENBROCK 1956, KOLB 1974

Art	Menge in 24 Stunden	Menge in 24 Std. pro kg Körpergewicht
Braunbär	2,2 l	21,4 cm^3
Fuchs	1,3 l	32,8 cm^3
Hund (groß)	0,5–2 l	40 cm^3
Hund (klein)	0,04–0,2 l	40 cm^3
Hyäne	545 cm^3	11,8 cm^3
Katze	100–200 cm^3	80 cm^3
Kojote	560 cm^3	58,3 cm^3
Mensch	1–1,6 l	14–23 cm^3
Pferd	6–10 l	8,4 cm^3
Rind	12–20 l	24 cm^3
Schaf	1–1,5 l	10–15 cm^3
Schwein	2–4 l	40 cm^3
Seelöwe	604 cm^3	11,9 cm^3

Tabelle 1.5.3: Maximale Urinkonzentration verschiedener Säugetiere

Die Größe der Urinkonzentration ist u.a. abhängig von der Länge der HENLEschen Schleife der Nephrone.

Werte nach PROSSER 1973

Art	Max. Konzentration in mOsm
Goldhamster	3000
Hund	2000–2660
Kamel	2500–3170
Kaninchen	1500–1910
Katze	2100–3250
Mensch	1400–1480
Ratte	2560–3000
Rhesusaffe	1190
Schwein	1100
Seehund	2150–2420
Tümmler	1830

Fortsetzung →

Art	Max. Konzentration in mOsm
Wal	900–1340
Wüstenmaus (Notomys)	5540–6400
Wüstenratte (Dipodomys)	5500–6000
Ziesel	3900

Tabelle 1.5.4: Zusammensetzung der Exkrete verschiedener Wirbeltiere

Angegeben ist der prozentuale Anteil von Ammoniak, Harnstoff, Harnsäure, Kreatin + Kreatinin an den Exkreten, in % der stickstoffhaltigen Substanzen. Über den Harnstoffgehalt des Harns siehe Tabelle 1.5.5.

Aus BUDDENBROCK 1956, verändert

	Ammoniak	Harnstoff	Harnsäure	Kreatin + Kreatinin
Haifisch	2 –11	81 –89	0,3– 0,7	
Meeres-Knochenfisch	0,3– 1,3	0,1– 2,7		24 –66
Karpfen	56	6	0,2	6,5
Frosch	11 –21	68 –78		
Alligator	67 –81	0,17	bis 20	
Schildkröte	10 –22	24 –48	7 –28	5,5
Huhn	15 –20	9 –11	59 –70	7 – 9
Ziege	3 –19	29 –76		4 –23
Schaf	1,6–18	51 –83		3 –22
Rind	1,6–20	27 –60		6 –13
Maus	7,7	64 –68	0,3	1,7
Primaten	1,6– 1,8	54 –84	0,1– 3,1	3,5– 6,4

Tabelle 1.5.5: Harnstoffgehalt im Harn von Säugetieren

Weitere Werte zur Zusammensetzung des Harns siehe Tabelle 1.5.4.

Aus HALTENORTH 1977, verändert

Art	Harnstoffgehalt in %
Blauwal	1,1
Elefant	0,18–0,45
Hund	0,7 –3,5
Hyäne	2,8 –3,4
Kaninchen	0,55–0,9

Art	Harnstoffgehalt in %
Maus	1,5 –3,2
Mensch	1,8
Pferd	0,8 –1,6
Ratte	1,8 –2,7
Rind	1,1 –1,6
Schaf	0,6 –0,8
Seehund	0,3 –3,0
Tiger	2,9 –3,6
Tümmler	1,3 –2,4

Tabelle 1.5.6: Gefrierpunkterniedrigung und osmotischer Druck des Harns verschiedener Tiere

Bei einigen Tieren ist der Wert von dem des Außenmediums (Meerwasser, Süßwasser) abhängig; hier ist dessen Gefrierpunkterniedrigung ebenfalls angegeben. Fehlt diese Angabe, so sind die Werte vom Außenmedium unabhängig.

Nach HALTENORTH 1977, HEIDERMANNS 1957

Art	Gefrierpunkterniedrigung Δ°C Außenmedium	Harn	Osmotischer Druck in Atm Harn	(in hPa)
Elefant		0,34	4,1	(4154)
Flußkrebs	0,02	0,09	1,1	(1115)
Frosch	0,02	0,17	2,1	(2128)
Hummer	1,85	1,89	22,9	(23203)
Hund		3,29	39,8	(40327)
Kaninchen		0,92	11,1	(11247)
Katze		4,73	52,3	(52993)
Süßwasser-Knochenfische	0,02	0,10	1,2	(1216)
Süßwasser-Knorpelfische	0,02	0,70	8,5	(8613)
Marine Knorpelfische	1,85	1,92	23,2	(23507)
Meerschweinchen		0,91	11,0	(11146)
Mensch		1,29	15,6	(15807)
Pferd		0,32	3,9	(3952)
Rind		1,34	16,2	(16415)
Schwein		1,70	20.6	(20873)
Strandkrabbe (Carcinus)	1,85	1,90	23,0	(23305)
Strandkrabbe	1,00	1,50	18,2	(18441)
Wollhandkrabbe	2,20	2,14	25,9	(26243)
Wollhandkrabbe	0,02	1,23	14,9	(15097)
Ziege		1,25	15,1	(15300)

Tabelle 1.5.7: Toleranzgrenzen einiger Tiere für Salzkonzentrationen des Wassers

Angaben des Salzgehalts in ‰ (g pro Liter).

Werte aus ALTMAN u. DITTMER 1966

Tierart	Salzgehalt ‰
Fische	
Goldfisch	0– 15
Karpfen	0– 10
Regenbogenforelle	0– 35
Scholle	7– 75
Stichling	0– 55
Wirbellose	
Borstenwurm (Nereis)	0–139
Garnele (Crangon)	12– 35
Herzmuschel	22– 60
Kalmar (Loligo)	31– 36
Krake (Octopus)	30– 35
Ohrenqualle	8– 35
Salinenkrebschen	35–300
Strandfloh (Corophium)	17– 72
Strandkrabbe	27– 72
Wollhandkrabbe	0– 47

1.6 Herz, Kreislauf

Tabelle 1.6.1: Herzgewichte von Wirbeltieren (absolut und relativ)

Die relativen Gewichte sind in ‰ des Körpergewichts angegeben, die absoluten in g. Die geringeren relativen Herzgewichte größerer Tiere hängen mit dem kleineren Grundumsatz bei ihnen zusammen. Siehe Tabelle 1.4.1.

Werte nach BUDDENBROCK 1967, CSICSÀKY 1984, HALTENORTH 1977, DORST 1972, HESSE u. DOFLEIN 1935, STURKIE 1976, ZISWILER 1976

Art	relatives Herzgewicht ‰	absolutes Herzgewicht g
Fische		
Forelle	1,2	0,31
Hecht	1,9	0,66
Karpfen	1,5	1,62
Lachs	2,0	10,72
Thunfisch	3,1	616,0
Tigerhai	1,2	41,6
Zitterrochen	0,6	
Amphibien		
Axolotl	4,5	0,03
Feuersalamander	1,86	0,04
Kammolch	1,96	
Laubfrosch	5,79	
Ochsenfrosch	3,2	1,65
Seefrosch	1,8	0,14
Wechselkröte	8,05	
Reptilien		
Alligator	2,6	137,0
Boa constrictor	3,1	5,64
Python	3,0	18,5
Smaragdeidechse	3,8	0,91
Vögel		
Amsel	12,9	1,33
Buchfink	13,2	0,3
Buntspecht	13,4	1,04
Eichelhäher	9,9	1,52
Ente	9,5	
Fasan	4,5	5,61
Gans	8,0	
Haussperling	15,2	0,42

Fortsetzung →

Art	relatives Herzgewicht ‰	absolutes Herzgewicht g
Haustaube	14,0	
Huhn (Leghorn)	6,4	
Hühnchen, frisch geschlüpft	9,0	
Kiebitz	15,1	3,16
Kohlmeise	13,4	0,24
Kolibri	23,9 (!)	0,09
Kolkrabe	9,0	14,29
Mäusebussard	7,5	4,81
Mauersegler	16,5	0,71
Rabenkrähe	10,7	
Ringeltaube	10,63	5,32
Schwalbe	14,1	0,32
Schwan	10,3	67,6
Silbermöwe	9,8	5,24
Star	16,2	0,93
Steinkauz	8,25	
Stockente	8,0	8,75
Storch	8,6	28,75
Strauß	9,8	1205,0
Turmfalke	9,6	
Uhu	4,7	
Wellensittich	13,2	
Zaunkönig	16,2	0,14
Säugetiere		
Bison	6,6	6600,0
Blauwal	4,4	598400,0
Eichhörnchen	6,7	3,22
Eisbär	5,8	2900,0
Afrikanischer Elefant	3,9	19500,0
Finnwal	5,0	380000,0
Fuchs	9,0	63,0
Hase	9,42	
Hausmaus	6,45	0,19
Hund	6,8	135,0
Igel	4,0	4,8
Jaguar	5,4	
Kapuzineraffe	8,0	
Löwe	3,0	750,0
Maulwurf	5,8	0,23
Mausohr	10,45	0,22
Meerschweinchen	4,0	4,8

Art	relatives Herzgewicht ‰	absolutes Herzgewicht g
Mensch	4,3	300,0
Nashorn	6,3	
Pferd	9,0	4000,0
Pottwal	3,2	116000,0
Ratte	3,62	1,45
Reh	8,0	400,0
Spitzmaus	14,0	0,11
Waldmaus	7,0	0,13
Wiesel	16,7	0,75
Wildkaninchen	3,21	
Windhund	12,9	
Zwergmaus	12,9	0,07

Tabelle 1.6.2: Herzfrequenzen von Tieren

Die Werte sind nur bei den Vögeln und Säugetieren direkt vergleichbar. Sie hängen bei den wechselwarmen Tieren stark von der Temperatur ab. In der Höhe der Herzfrequenz zeigt sich der bei kleinen gleichwarmen Tieren erhöhte Grundumsatz gegenüber größeren Vertretern. Siehe auch Tabelle 1.4.1.

Nach Buddenbrock 1967, Haltenorth 1977, Kolb 1974, Oppenheimer u. Pincussen 1925, Ziswiler 1976

Art	Herzschläge pro Minute	Art	Herzschläge pro Minute
Wirbellose			
Bernsteinschnecke	26	Manteltier (Ciona)	17
Fiebermücke	110	Miesmuschel	10– 15
Garnele	146	Taschenkrebs	90–120
Hirschkäfer	16	Taufliege	235
Hummer	50	Teichmuschel	4– 6
Kellerassel	180–200	Tintenfisch (Octopus)	33– 40
Kohlweißling	29	Urinsekt (Machilis)	150–160
Kreuzspinne	130–134	Wanderheuschrecke	80–130
Küchenschabe	60– 80	Wasserassel	310
Libelle (Anax)	60	Wattwurm	13– 22
Ligusterschwärmer (Imago)	40– 50	Weinbergschnecke	40– 50
Ligusterschwärmer (Raupe)	39– 82		

Fortsetzung →

Art	Herzschläge pro Minute	Art	Herzschläge pro Minute
Wirbeltiere			
Aal	10– 15	Mauersegler	700
Blindschleiche	64	Maus	450–550
Delphin	84–140	Meerschweinchen	200–312
Elefant	22– 28	Mensch	60– 90
Ente	229–420	Panther	60
Erdkröte	40– 50	Pferd	32– 44
Fledermaus (P. pipistrellus)	660	Rabe	300–352
Fuchs	100	Riesenschildkröte	30– 40
Gans	80	Rind	45– 50
Giraffe	66	Ringelnatter	23– 40
Goldfisch	36– 40	Schaf	60– 80
Goldhamster	350–500	Schwein	60– 80
Grasfrosch	35– 40	See-Elefant (an der Wasseroberfläche)	60
Hecht	30– 42	See-Elefant (beim Tauchen)	4
Huhn	330–375	Smaragdeidechse	60– 66
Hund	60–180	Sperling	745–850
Igel, wach	280–320	Spitzmaus	500–1320 (!)
Igel, Winterschlaf	18	Storch	270
Kaiman	36– 50	Strauß	60– 70
Kaninchen	150–280	Taube	150–250
Kapuzineraffe	160	Truthahn	93
Karpfen	40– 80	Wal	15– 16
Katze	110–130	Wanderratte	260–450
Katzenhai	65	Zauneidechse	60– 70
Klapperschlange	44– 47	Ziege	70– 80
Krähe	380	Zitterrochen	16– 50
Kreuzotter	40	Zwergfledermaus	972
Löwe	40		
Mäusebussard	206–351		

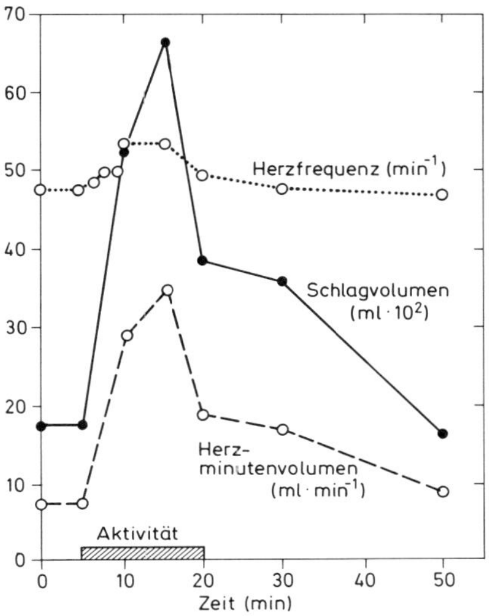

Abb. 1.6.2: Abhängigkeit der Herztätigkeit (Herzminutenvolumen, Schlagvolumen und Herzfrequenz) von der Temperatur und der Aktivität bei der Regenbogenforelle. Siehe auch Tabelle 1.6.2 und 1.6.3. Aus Penzlin 1980, S. 251.

Tabelle 1.6.3: Herzminutenvolumen einiger Tiere

Angegeben ist die vom Herz in einer Minute geförderte Blutmenge in cm^3 pro Minute (HMV). Es kann bei starker körperlicher Anstrengung erheblich ansteigen, beim Menschen bis zu 30 Liter. Es errechnet sich aus der Herzfrequenz (Tabelle 1.6.2) mal dem Schlagvolumen.

Angaben aus Buddenbrock 1967

Art	HMV in cm^3/Min
Frosch	20– 30
Huhn	400
Hund	2000– 3000
Mensch	5500– 6000
Pferd	18000–24000
Rind	45800
Schildkröte	148
Schwein	4500
Tintenfisch (Octopus)	57– 81
Wanderheuschrecke	0,015

Tabelle 1.6.4: Blutdruck verschiedener Tiere

Die durch einen Schrägstrich getrennten Werte bedeuten vor dem Strich den systolischen und nach dem Strich den diastolischen Blutdruck. Einzelne Zahlen sind Mittelwerte.

Nach Altman u. Dittmer 1974, Buddenbrock 1967, Haltenorth 1977, Kolb 1962

Art	Blutdruck in mm Hg	(hPa)
Aal	35–40	(47–53)
Ente	180/134	(240/179)
Forelle	39/ 34	(52/45)
Frosch	32/ 19	(43/25)
Giraffe	340/230 (!)	(453/307)
Goldhamster	170/120	(227/160)
Haifisch	32/ 16	(43/21)
Hecht	35,5	(47)
Huhn	150/120	(200/160)
Hummer	8	(11)
Hund	156/100	(208/133)
Kanarienvogel	220/154	(293/205)
Kaninchen	110/ 80	(147/107)
Katze	155/100	(207/133)
Krokodil	50	(67)
Lachs	75	(100)
Maus	147/106	(196/141)
Meerschweinchen	77/ 47	(103/63)
Mensch	120/ 80	(160/107)
Pferd	190/120	(253/160)
Ratte	145/105	(193/140)
Riesenkänguruh	122/ 79	(163/105)
Rind	134/ 88	(179/117)
Ringelnatter	89	(119)
Salamander	22/ 12	(29/16)
Schaf	103/ 85	(137/113)
Schimpanse	136/ 80	(181/107)
Schmuckschildkröte	30/ 26	(40/35)
Schwein	169/108	(225/144)
Seehund	150/105	(200/140)
Sperling	180/140	(240/187)
Star	180/130	(240/173)
Taube	187/138	(249/184)
Tintenfisch	44/ 22	(59/29)
Ziege	120/ 84	(160/112)
Zitterrochen	16/ 14	(21/19)

1.7 Blut

Tabelle 1.7.1: Blutmengen von Wirbeltieren

Die Angaben erfolgen in % des Körpergewichts. Es können z. T. erhebliche Schwankungen auftreten.

Werte nach Bertelsmann 1979, Oppenheimer u. Pincussen 1925, Prosser 1973

Art	Blutmenge in % des Körpergewichts Mittelwert	Grenzen
Aal	2,9	
Blauwal	6,5	
Blindschleiche	5,2	3,8– 7,6
Eidechse	5,8	4,7– 7,0
Ente	10,2	
Fledermaus (Myotis)	13,0	
Grasfrosch	5,6	4,7– 6,3
Hahn	9,0	
Haie	7,0	
Hase	7,5	6,4– 8,1
Huhn	7,0	
Hund	8,6	2,3– 8,7
Igel	8,0	
Katze	5,6	
Krokodil	15,4	
Lachs	2,8	
Maus	5,8	4,6– 7,0
Meerneunauge	4,9	
Meerschweinchen	7,5	
Mensch ♂		7,1– 7,8
Mensch ♀		6,5– 7,1
Olm	2,9	
Pferd	7,6	
Ratte	7,5	
Rind		5,2– 5,7
Ringelnatter	7,7	
Salamander	6,1	5,5– 6,8
Schaf	8,1	6,6–10,4
Schildkröte	9,1	
Schwein	4,6	2,3– 8,7
Siebenschläfer	5,8	5,3– 6,0
Taube	7,8	
Ziege	7,3	

Tabelle 1.7.2: Zahl und Größe der roten Blutkörperchen einiger Wirbeltiere

Die Zahl ist in Millionen pro mm^3, die Größe in µm angegeben.

Nach BUDDENBROCK 1967, HALTENORTH 1977, HEIDERMANNS 1957, HESSE u. DOFLEIN 1935, KOLB 1974, Kosmos-Lexikon 1953, PORTMANN 1959, STURKIE 1976

Art	Größe in µm	Anzahl in 1 000 000/mm^3
Aal	15,0 × 12,0	1,10
Blindschleiche	18,0 × 9,0	1,52
Buchfink	12,4 × 7,5	3,66
Elefant	9,0 × 9,0	2,02
Erdkröte	20,5 × 13,3	0,38
Feuersalamander	43,0 × 25,0	0,09
Goldhamster	5,6 × 5,6	6,90
Grasfrosch	23,0 × 16,0	0,49
Hund	7,0 × 7,0	6,65
Kammolch	31,0 × 22,0	0,164
Karpfen	11,0 × 8,2	1,40
Katze	4,5 × 4,5	8,22
Kreuzkröte	20,7 × 14,4	0,65
Lama	7,6 × 4,4	13,19
Maus	6,0 × 6,0	9,50
Meerschweinchen	7,4 × 7,4	5,60
Mensch ♂	7,5 × 7,5	5,00
Mensch ♀	7,5 × 7,5	4,50
Moschustier	2,5 × 2,5 (!)	
Neunauge	15,0 × 15,0	0,13
Olm	58,0 × 34,0 (!)	0,036
Pferd (Vollblut)		8,90
Pferd (Kaltblut)		6,90
Rabenkrähe	12,0 × 7,0	2,49
Ratte	7,5 × 7,5	9,00
Ringelnatter	18,0 × 11,0	0,97
Schimpanse	7,4 × 7,4	5,10
Schwein	6,0 × 6,0	6,96
Seezunge	12,0 × 9,0	2,00
Strauß	14,0 × 9,0	1,62
Taube	14,0 × 7,0	3,00
Walroß	9,2 × 9,2	
Wasserfrosch	23,0 × 16,0	0,60
Zauneidechse	16,0 × 10,0	1,42
Ziege	3,5 × 3,5	18,50 (!)
Zitterrochen	27,0 × 20,0	0,14

Tabelle 1.7.3: Zahl der Blutplättchen verschiedener Tiere

Angaben in 1000 pro mm^3. Die Zahl der roten Blutkörperchen siehe Tabelle 1.7.2, die Lebensdauer von Blutplättchen Tabelle 1.7.5.

Nach HALTENORTH 1977, STURKIE 1976

Art	Zahl der Blutplättchen in $1000/mm^3$
Goldhamster	160– 516
Huhn	30,4
Hund	188– 960
Kaninchen	170–1120
Katze	164– 500
Maus	246– 339
Meerschweinchen	525– 900
Mensch	200– 500
Pferd	249– 461
Ratte	702– 796
Rhesusaffe	155– 424
Rind	542– 975
Schaf	284– 659
Schwein	296– 616
Strauß	10,5
Taube	13,0

Tabelle 1.7.4: Gerinnungszeiten des Blutes von Wirbeltieren

Werte aus BERTELSMANN 1979, HEIDERMANNS 1957, KOLB 1974, MEYER 1964

Art	Gerinnungszeit
Barsch	20 sec
Dorsch	3 Min
Huhn	4,5 Min
Hund	4,5 Min
Kaninchen	4 Min
Katze	1– 3 Min
Mensch	5– 6 Min
Neunauge	2– 5 sec
Pferd	11,5 Min
Rind	6,5 Min
Ringelnatter	27 Min
Schaf	2,5 Min
Schwein	3,5 Min
Taube	1,5 Min
Wasserfrosch	5 Min
Ziege	2,5 Min

Tabelle 1.7.5: Lebensdauer von Blutzellen

Bei den weißen Blutkörperchen, sowohl Granulozyten als auch Lymphozyten, gibt es große Unterschiede zwischen den einzelnen Formen.

Werte aus ALTMAN u. DITTMER 1972, BUDDENBROCK 1967, PLATT 1976

Erythrozyten	
Ente	42 Tage
Huhn	35 Tage
Hund	90–135 Tage
Kaninchen	45– 68 Tage
Katze	68– 77 Tage
Maus	20– 45 Tage
Meerschweinchen	80– 90 Tage
Mensch	108–150 Tage
Pferd	140–150 Tage
Ratte	45– 68 Tage
Schaf	70–153 Tage
Schildkröte	500 Tage
Schwein	62– 71 Tage
Taube	105 Tage
Ziege	106–125 Tage
Granulozyten	
Mensch	30– 40 Tage
Lymphozyten	
Mensch	
Effektorzellen	10 Tage
Gedächtniszellen	> 10 Jahre
Ratte	14 Tage–9 Monate
Blutplättchen	
Hund	7– 9 Tage
Kaninchen	6 Tage
Katze	2– 4 Tage
Maus	4 Tage
Meerschweinchen	5 Tage
Mensch	8– 14 Tage
Ratte	4– 5 Tage
Rind	10 Tage

Tabelle 1.7.6: Hämatokritwerte verschiedener Wirbeltiere

Der Hämatokrit ist der prozentuale Volumenanteil der Blutzellen am Blut.

Nach BUDDENBROCK 1967, HALTENORTH 1977, KOLB 1974, STURKIE 1970

Alligator	30,0–31,0	Opossum	35,3
Bonito	37,1	Pferd (Vollblut)	42,0
Delphin	51,7	Pferd (Kaltblut)	35,0
Ente	39,5	Rabenkrähe	53,8
Gans	44,0	Ratte	46,0
Goldhamster	46,0	Rind	40,0
Grasfrosch	41,8	Schaf	32,0
Huhn	34,5–37,5	Schimpanse	41,5
Hund	45,5	Schmuckschildkröte	31,9
Kaninchen	41,5	Schwein	41,5
Katze	40,0	Seehund	48,0
Maus	41,5	Sperling	37,0–52,0
Meerschweinchen	42,0	Taube	58,5
Mensch	45,0	Ziege	34,0
Natter (Natrix)	21,9		

Tabelle 1.7.7: Hämoglobinmenge im Blut verschiedener Tiere

Angaben in g Hb pro 100 cm^3 Blut. Nähere Werte für den Menschen siehe Tabelle 4.3.11.

Werte nach BUDDENBROCK 1967, HALTENORTH 1977, KOLB 1974, MEYER 1964, STURKIE 1976, WITTKE 1972

Aal	10,9	Maus	12,5
Buchfink	13,9	Meerschweinchen	15,9
Fasan	18,9	Mensch ♂	14,0–18,0
Fledermaus	15,0	Mensch ♀	12,0–16,0
Fuchs	11,0	Nagelrochen	2,3
Gans	12,7	Pferd	12,6
Goldhamster	15,0	Posthornschnecke	1,5
Grasfrosch	13,0	Rabenkrähe	16,4
Huhn	11,2	Regenwurm	3,8
Hund	16,8	Rind	16,0
Kaninchen	11,8	Schaf	12,5
Karpfen	12,2	Schnabeligel	16,7
Katze	10,2	Schwein	13,3
Katzenhai	4,8	Sperling	14,0
Kolibri	18,0	Taube	13,7–16,0
Kriechtiere	6,9	Ziege	10,6

Tabelle 1.7.8: Molekulargewichte der Hämoglobine verschiedener Tiere

Bei den nicht in Blutkörperchen eingelagerten Hämoglobinen der Wirbellosen ermöglicht der Gehalt relativ weniger großer Moleküle eine hohe Sauerstoffkapazität (siehe auch Tabelle 1.7.9) ohne eine starke Steigerung des osmotischen Werts des Blutes bzw. der Hämolymphe. Vergleiche dazu auch Tabelle 5.3.

Aus HEIDERMANNS 1957

Art	Mol.Gew.
Muschel (Arca)	33 000
Neunauge	19 100
Posthornschnecke (Planorbis)	1 540 000
Regenwurm	3 000 000
Wasserfloh	400 000
Wattwurm (Arenicola)	3 000 000
Wirbeltiere	68 000
Zuckmückenlarve (Chironomus)	31 500

Tabelle 1.7.9: Sauerstoffkapazität des Blutes (bzw. der Hämolymphe) verschiedener Tiere

Alle Angaben in cm^3 Sauerstoff pro 100 cm^3 Blut.

Werte aus BUDDENBROCK 1967, FLOREY 1970, HALTENORTH 1977, KOLB 1974

Art	Sauerstoffkapazität cm^3 O_2/100 cm^3 Blut
Wirbellose	
Hummer	1,30
Miesmuschel	0,32
Posthornschnecke	1,20– 2,80
Regenwurm	5,10– 5,40
Seestern	0,46
Skorpion	1,80
Spulwurm	3,00
Strandkrabbe	1,14– 1,16
Taschenkrebs	3,44
Tintenfisch (Octopus)	3,10
Wattwurm	5,00
Weinbergschnecke	1,10– 2,20
Zuckmücke	5,40–11,60

Art	Sauerstoffkapazität cm^3 O_2/100 cm^3 Blut
Wirbeltiere	
Adelie-Pinguin	22,40
Goldfisch	10,70
Goldhamster	20,80
Haifisch	4,50
Huhn	10,00
Hund	19,80
Igel	15,30
Kaninchen	16,00
Karpfen	12,50
Katze	13,10–14,30
Krokodil	8,00–10,00
Lungenfisch	6,80
Makrele	15,70
Maus	17,30
Meerschweinchen	21,30
Mensch	21,30
Neunauge	1,20
Pferd	16,70
Pottwal	29,90
Rind	16,80
Schildkröte	6,60–10,80
Schimpanse	17,40
Schwein	17,80
Schwertwal	21,50
Taube	20,00
Tümmler	18,20
Wasserfrosch	9,80–13,30
Ziege	14,20
Zitteraal	19,70

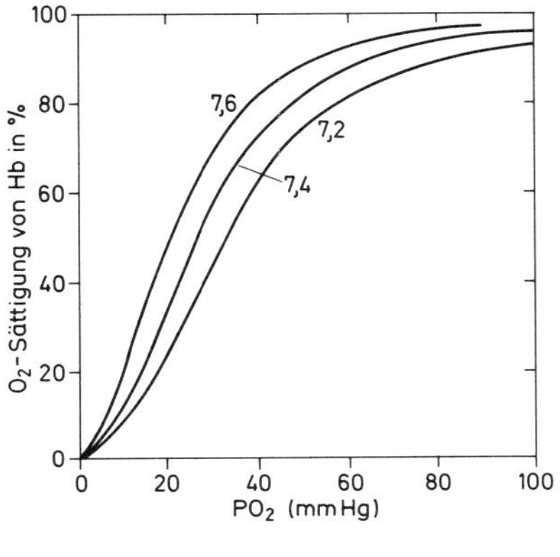

Abb. 1.7.9: Einfluß des pH-Wertes des Blutes auf die Sauerstoffsättigung des Hämoglobins.
Siehe auch Tabelle 1.7.9.
Aus Remane, Storch und Welsch 1985.

Tabelle 1.7.10: Blutzuckergehalt verschiedener Wirbeltiere

Angaben in mg Zucker pro 100 cm^3 Blut.

Werte aus Buddenbrock 1956, Kolb 1974

Art	Blutzuckergehalt mg/100 cm^3
Alligator	59– 97
Anglerteufel (Knochenfisch)	5– 25
Ente	148
Frosch (Rana)	30– 75
Glatthai	65–137
Hausrotschwanz	347
Huhn	130–260
Hund	60– 90
Kanarienvogel	236
Kaninchen	97–109
Katzenhai	27– 39
Mauersegler	305
Mensch	60–100
Pferd	55– 95
Ratte	92–106
Rind	40– 70
Schaf	30– 50
Schildkröte (Emys)	58– 99
Schwein	45– 75
Sperling	288
Strauß	164
Taube	190
Ziege	45– 60
Zitterrochen	13– 77

Tabelle 1.7.11: Eiweißgehalt von Körperflüssigkeiten (Blut, Hämolymphe, Cölomflüssigkeit) verschiedener Tiere

Angaben in mg Eiweiß pro cm^3. 10 mg/cm^3 = 1 %. Die Angaben stellen Mittelwerte dar.

Werte aus BUDDENBROCK 1967, PROSSER 1973

Art	Eiweißgehalt in mg/cm^3
Alligator	51,7
Blindschleiche	40,3
Delphin	75,0
Eidechse	45,7
Frosch (Rana)	24,0
Gans	30,0
Hai	30,0
Huhn	31,8
Hummel	50,0
Hummer	40,0
Hund	58,0–70,0
Kaninchen	54,4
Knochenfisch (Maräne)	41,9
Mensch	75,0
Miesmuschel	1,5
Neunauge	36,0
Pferd	75,0
Qualle	0,4
Ratte	59,0
Rind	50,2
Rochen	41,2
Salamander	21,6
Seemaus (Borstenwurm)	0,9
Seestern	0,6
Seewalze	0,7
Seidenspinner, Imago	60,0
Seidenspinner, Raupe	10,0
Stabheuschrecke	10,0
Strandkrabbe	40,0–60,0
Teichmuschel	3,0
Tintenfisch (Sepia)	49,8
Wattwurm (Arenicola)	0,2
Weinbergschnecke	24,0–33,0

Tabelle 1.7.12: Gefrierpunkterniedrigung und osmotischer Wert des Blutes verschiedener Tiere

Aus der leicht meßbaren Größe der Gefrierpunkterniedrigung einer Flüssigkeit läßt sich der osmotische Wert errechnen, da eine molare Lösung eine Gefrierpunkterniedrigung von 1,85 °C und einen osmotischen Druck von 22,4 Atm (22 697 hPa) aufweist. Siehe auch Tabelle 1.7.13.

Werte nach HALTENORTH 1977, HANKE et coll. 1977, HEIDERMANNS 1957

Art	Gefrierpunkt-erniedrigung Δ °C	osmotischer Wert mOsm	osmotischer Druck Atm	(hPa)
Aal	0,62	334	7,5	(7 599)
Dorsch	0,76	409	9,2	(9 222)
Flußkrebs	0,80	431	9,7	(9 829)
Gottesanbeterin	0,89	479	10,7	(10 842)
Hummer	1,89	1017	22,8	(23 102)
Hund	0,60	323	7,3	(7 397)
Kaninchen	0,64	345	7,8	(7 903)
Karpfen	0,50	270	6,0	(6 080)
Katze	0,63	339	7,6	(7 701)
Katzenhai	2,22	1195	26,8	(27 155)
Mensch	0,56	301	6,8	(6 890)
Miesmuschel	2,26	1216	27,3	(27 662)
Pferd	0,56	302	6,8	(6 890)
Regenwurm	0,45	242	5,4	(5 472)
Rind	0,59	318	7,2	(7 295)
Robbe	0,70	377	8,4	(8 511)
Schaf	0,62	334	7,5	(7 599)
Scholle	0,79	425	9,5	(9 626)
Schwein	0,61	329	7,4	(7 498)
Strandkrabbe	1,97	1060	23,8	(24 115)
Teichmuschel	0,09	48	1,1	(1 115)
Wasserfrosch	0,40	215	4,8	(4 864)

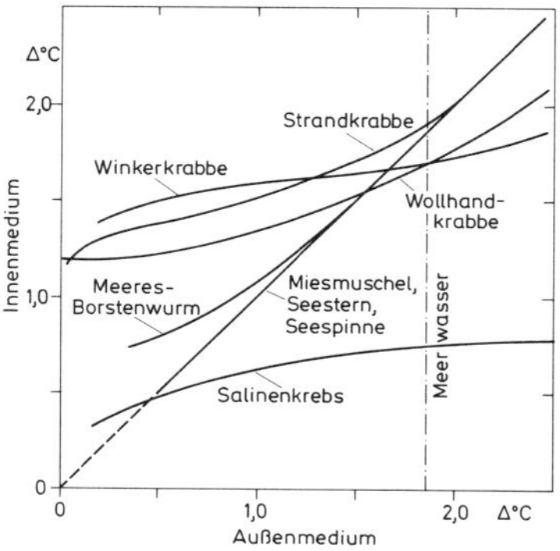

Abb. 1.7.12: Abhängigkeit der Gefrierpunktserniedrigung im Blut von der im Außenmedium. Siehe auch Tabelle 1.7.12.
Aus PENZLIN 1980, S. 311.

Tabelle 1.7.13: Gefrierpunkterniedrigung und osmotischer Druck der Hämolymphe von Gliederfüßern

Eine molare Lösung hat eine Gefrierpunkterniedrigung von 1,85 °C und einen osmotischen Wert von 22,4 Atm (22 697 hPa). Siehe auch Tabelle 1.7.12.

Nach BUDDENBROCK 1967

Art	Gefrierpunkt-erniedrigung Δ °C	osmotischer Druck in Atm	(in hPa)
Drosophila-Larve	0,700	8,5	(8 613)
Gottesanbeterin	0,885	10,7	(10 842)
Heimchen	0,720	8,7	(8 815)
Laufkäfer (Carabus)	0,940	11,4	(11 551)
Mehlmottenlarve	1,120	13,6	(13 780)
Skorpion	1,125	13,6	(13 780)
Spinne	0,894	10,8	(10 943)
Stechmückenlarve	0,650	7,9	(8 005)

Tabelle 1.7.14: Blutersatzlösungen (Ringer-, Tyrode-, Locke-Lösungen) für einige Tiere

Angaben in g pro Liter aqua dest. Nicht berücksichtigt ist ein etwaiger Kristallwasseranteil der Substanzen.

Nach BAUER et coll. 1974, HEIDERMANNS 1957

Tier	NaCl	KCl	$CaCl_2$	$MgCl_2$	NaH_2PO_4	$NaHCO_3$	Glukose
Ringer Regenwurm	6,0	0,12	0,20	–	0,10	–	–
Ringer Insekten	10,93	1,57	0,83	0,17	–	–	–
Ringer Insekten	7,60	0,75	0,22	0,19	0,37	0,48	–
Ringer Assel	14,70	0,70	1,67	0,95	–	–	–
Ringer Frosch (Sommer)	6,0	0,05	0,29	–	–	0,3	–
Ringer Frosch (Winter)	6,0	0,1	0,15	–	–	0,3	–
Locke Frosch	6,0	0,3	0,2	–	–	0,2	–
Ringer Säuger	8,7	0,2	0,2	–	–	0,1–1,0	–
Tyrode Säuger	8,0	0,2	0,2	0,1	0,05	1,0	1,0
Locke Säuger	9,2	0,42	0,24	–	–	0,15	–

1.8 Atmung

Tabelle 1.8.1: Relatives Lungengewicht einiger Wirbeltiere

Die Werte streuen sehr stark, beim Menschen ist daher der Größenbereich angegeben, bei den Tieren bedeuten die Angaben Mittelwerte. Angaben in % des Körpergewichts.

Werte nach CSICSÁKY 1984, HALTENORTH 1977

Art	%
Säuger	
Afrikanischer Elefant	2,08
Feldmaus	1,70
Flußpferd	0,84
Goldhamster	0,46
Hund	0,94
Katze	1,04
Löwe	2,12
Meerschweinchen	1,18
Mensch	0,73–3,13
Pferd	0,70
Ratte	0,79
Rhesusaffe	1,89
Rind	0,72
Schimpanse	1,36
Walroß	1,36
Weißwal	2,70
Wolf	3,56
Vögel	
Fasan	0,34
Haussperling	1,35
Kolibri	1,37
Mäusebussard	0,64
Rabenkrähe	1,19
Schwan	0,65
Stockente	0,83
Storch	0,81
Strauß	2,36
Taube	1,06
Wellensittich	0,73

Tabelle 1.8.2: Innere Oberfläche von Lungen verschiedener Tiere

Die Angaben stellen Mittelwerte dar. Innerhalb einer Wirbeltierklasse sind bei gleicher Größe Tiere, die sich schnell fortbewegen, mit einer größeren Lungenoberfläche ausgestattet.

Werte nach ALTMAN u. DITTMER 1974, HALTENORTH 1977, KRUMBIEGEL 1953, ZISWILER 1976

Art	Innere Oberfläche in m^2
Alligator	2,0
Delphin	43,0
Erdkröte	0,008
Faultier	5,0
Feuersalamander	0,0005
Fledermaus (Mausohr)	0,5
Hund	90,0
Kaninchen	5,9
Katze	20,0
Lungenfisch	0,016
Maus	0,12
Mensch	90,0
Pferd	500,0
Ratte	0,56
Seehund	65,0

Tabelle 1.8.3: Atemfrequenzen und Atemzugvolumina einiger Wirbeltiere

Werte nach BERTELSMANN 1979, Enzyklopädie 1979, KRUMBIEGEL 1953, MEYER 1964, OPPENHEIMER u. PINCUSSEN 1925, PENZLIN 1977, ZISWILER 1976

Art	Frequenz/Min	Volumen in cm^3
Bussard	20	
Elefant	6	
Ente	42	30
Erlenzeisig	114	
Finnwal	0,5	
Fledermaus	50	
Fuchs	24	
Giraffe	9	3400
Goldhamster	74	0,83
Gorilla	19	
Huhn	27	31
Hund	18	320
Igel, wach	20	
Igel, Winterschlaf	5	
Kaninchen	37	21

Fortsetzung →

Art	Frequenz/Min	Volumen in cm^3
Kapuzineraffe	46	
Katze	30	34
Katzenhai	52	
Kolibri	250 (!)	
Löwe	10	
Lungenfisch (Neoceratodus)	28	15
Mauersegler	90	
Maus	163	0,15
Meeraal	48	
Meerschweinchen	90	1,75
Mensch	11	500
Muräne	26	
Petermännchen	26	
Pferd	10	7500
Rabenkrähe	25	
Ratte	85	0,86
Rind	30	3400
Schaf	20	362
Schimpanse	19	
Schriftbarsch	56	
Schwertwal	1,1	46200
Sperling	90	
Spitzmaus	120	
Storch	8	
Strauß	3	
Taube	30	4,7
Tümmler	1,1	9000
Wolf	14	
Zitterrochen	60	

Tabelle 1.8.4: Sauerstoffverbrauch verschiedener Tiere

Angaben in g Sauerstoff pro kg Körpergewicht und Stunde. 1 g O_2 entspricht ca. 700 cm^3. Siehe auch Tabelle 1.4.1 und die dort gemachten Anmerkungen zur Beziehung Sauerstoffverbrauch und Körpergröße.
Systematisch geordnet.

Angaben nach SCHLIEPER 1952, VANGEROW 1975

Gruppe, Art	Körpergewicht	Sauerstoffverbrauch g O_2/kg/Std
Pantoffeltierchen	0,001 mg	0,7
Radiolarie (Einzeller)	0,1 mg	0,1

Gruppe, Art	Körpergewicht		Sauerstoffverbrauch g O_2/kg/Std
Hohltiere	10–100	g	0,004–0,02
Muscheln	25–250	g	0,002–0,03
Schnecken	20– 50	g	0,01 –0,1
Tintenfische	10	g	0,6 –0,32
Ringelwürmer	1– 20	g	0,03 –0,7
Krebse	5–500	g	0,04 –0,28
Stachelhäuter	10–600	g	0,018–0,04
Karpfen	200	g	0,08 –0,3
Hecht	200	g	0,49
Frosch	30	g	0,03 –0,09
			max. 0,63
Reptilien	30	g	0,02 –0,03
Huhn	2	kg	0,79 –1,1
Maus (Ruhe)	20	g	3,5
(laufend)			28
Ratte (Ruhe)	110	g	2,4
Hund (Ruhe)	9	kg	0,72
Pferd	400	kg	0,3
Mensch (Ruhe)	70	kg	0,28
(arbeitend)			5,6

Tabelle 1.8.5: Sauerstoffverbrauch während des Winterschlafs einiger europäischer Säugetiere

Angegeben ist der Sauerstoffverbrauch in cm^3 O_2 pro kg Körpergewicht und Stunde. Werte für wache Tiere siehe Tabelle 1.8.4. Zum Winterschlaf siehe auch Tabelle 1.4.5.

Angaben nach ALTMAN u. DITTMER 1972

Art	Sauerstoffverbrauch cm^3/kg KG und Std
Großer Abendsegler	30
Braunes Langohr	69
Hamster	32
Haselmaus	40
Igel	28
Mausohr	20
Murmeltier	18
Siebenschläfer	17–29
Ziesel	15
Zwergfledermaus	53

Tabelle 1.8.6: Maximale Tauchtiefe und Tauchzeit lungenatmender Wirbeltiere

Angaben aus Brink 1975, Frädrich u. Frädrich 1973, Grzimek 1970, Krumbiegel 1953, Nat. Rdsch 1988, Niethammer 1979, Penzlin 1970, Schäfer 1968, Wood 1982, Ziswiler 1976

Art	Maximale Tauchzeit	Maximale Tiefe
Alligator	120 Min	
Baßtölpel		10 m
Biber	15 Min	
Bisamratte	12 Min	
Blauwal	30 Min	200 m
Eisbär	2 Min	
Ente	15 Min	
Flußpferd	19 Min	
Grönlandwal	80 Min	1000 m
Haubentaucher	56 sec	40 m
Kegelrobbe	18 Min	146 m
Kormoran	5 Min	40 m
Lederschildkröte		1200 m (!)
Lumme	12 Min	
Mensch	2 Min	72 m
Pinguine		60 m
Pottwal	75 Min	1143 m
Schnabeltier	12 Min	
Schnabelwal	120 Min (!)	500 m
See-Elefant	30 Min	100 m
Seehund	15 Min	
Seekühe	10 Min	
Seeotter		50 m
Seetaucher	15 Min	75 m
Tümmler		170 m
Walroß	10 Min	30 m
Weddellrobbe	43 Min	600 m

1.9 Fortpflanzung, Entwicklung

Tabelle 1.9.1: Größe der Eizellen einiger Tiere (exkl. Vögel)

Angaben ohne Vögel, diese siehe Tabelle 1.9.13. Werte für Fische siehe Tabelle 1.9.9. Bei den Insekteneiern ist die Länge angegeben. Angaben nach Lexikon der Biologie, OPPENHEIMER u. PINCUSSEN 1927, SLIJPER 1967, STARCK 1975, SPECTOR 1956

Art	Durchmesser des Eis bis
Alligator	50 mm
Beutelmarder	240 µm
Biene	1,75 mm
Feldmaus	60 µm
Frosch	500 µm
Hecht	1 mm
Heimchen	2,5 mm
Hund	140 µm
Kaninchen	130 µm
Kartoffelkäfer	1,75 mm
Katze	130 µm
Krallenfrosch	1,5 mm
Lanzettfischchen	110 µm
Lungenfisch	3,75 mm
Meerschweinchen	100 µm
Mensch	100 µm
Neunauge	2 mm
Ohrenqualle	0,19 mm
Pferd	140 µm
Python	60 × 120 mm
Quastenflosser	100 mm
Ratte	70 µm
Rhesusaffe	120 µm
Rind	150 µm
Schaf	180 µm
Schnabeltier	4 mm
Schwein	140 µm
Seeigel	70 µm
Spulwurm	45 µm
Taufliege	0,5 mm
Wal	130 µm

Tabelle 1.9.2: Größe von Spermien einiger Tiere

Werte aus DAVID 1977

Art	Gesamtlänge in µm	Länge des Kopfes in µm
Igel	85	5
Katze	54	4
Maus	100	7
Meerschweinchen	93	13
Mensch	58– 67	4,5– 5,5
Ratte	170–200	10
Rind	73,2	8,8

Tabelle 1.9.3: Chromosomensätze von Tieren

Diploide Werte. Für Pflanzen siehe Tabelle 2.2.9.

Nach ALTMAN u. DITTMER 1972, BRESCH u. HAUSMANN 1972, DAUMER 1977, KOSMOS 1953, Lexikon der Biologie, NAGL 1976, NIGON u. LUEKEN 1976, SPECTOR 1956, STARCK 1974

Art	Chromosomenzahl	Art	Chromosomenzahl
Wirbellose		Regenwurm	32
Biene	32	Schwamm (Sycon)	26
Egel (Glossosiphonia)	26	Seeigel (Paracentrotus)	36
Feuerwanze	24	Seestern	36
Gartenschnirkelschnecke	48	Seidenspinner	20
Gelbrandkäfer	38	Silberfischchen	34
Gottesanbeterin ♂	27	Skorpion (Buthus)	14
Hausspinne ♂	43	Sonnentierchen	44
Hüpferling	14	Spinne (Aranea)	14
Hydra	32	Spulwurm	2
Kellerassel	56	Stechmücke (Culex)	6
Kohlweißling	30	Stubenfliege	12
Kopflaus	12	Taufliege (Drosophila)	8
Küchenschabe ♂	47	Tintenfisch (Sepia)	12
Lanzettfischchen	24	Trompetentierchen (Stentor)	28
Leberegel	12	Wanderheuschrecke ♂	23
Libelle (Aeschna)	26	Wasserfloh	20
Mehlkäfer	20	Weinbergschnecke	54
Ohrenqualle	20	Zecke (Holzbock)	28

Art	Chromosomenzahl
Wirbeltiere	
Fische	
Goldfisch	94
Guppy	48
Hecht	18
Karpfen	104
Katzenhai	24
Neunauge	174
Schwertträger	48
Amphibien	
Axolotl	28
Erdkröte	22
Feuersalamander	24
Geburtshelferkröte	36
Grasfrosch	26
Kammolch	24
Knoblauchskröte	26
Kreuzkröte	22
Laubfrosch	24
Wasserfrosch	26
Wechselkröte	22
Reptilien	
Alligator	32
Aspisviper	42
Blindschleiche	44
Karettschildkröte	58
Kreuzotter	36
Sumpfschildkröte	50
Zauneidechse	38
Vögel	
Amsel	80
Ente	80
Graugans	80
Haushuhn	78
Haussperling	76
Kanarienvogel	80
Reiher	68
Taube	80
Säuger	
Fledermaus (Myotis)	44
Gibbon	52
Goldhamster	44
Gorilla	48
Hase	48
Hauskatze	38
Hausmaus	40
Hund	78
Igel	48
Kaninchen	44
Kapuzineraffe	54
Koboldmaki	80
Makak	44
Maulwurf	34
Meerschweinchen	64
Mensch	46
Orang Utan	44
Pavian	42
Pferd	64
Ratte	42
Rhesusaffe	42
Riesenkänguruh	22
Rind	60
Schaf	54
Schimpanse	48
Schwein	38

Tabelle 1.9.4: Eintritt in die Geschlechtsreife einiger Tiere

Den Vergleich der Reifezeit mit der Gesamtlebenszeit bei Säugetieren siehe Tabelle 1.9.19.

Werte nach ALTMAN u. DITTMER 1972, BOGNER u. RITTER 1976, FRÄDRICH u. FRÄDRICH 1973, GRZIMEK 1970, KRUMBIEGEL 1953, MEYER 1964, MICHEL 1986, SPECTOR 1956, ZISWILER 1976

Art	Geschlechtsreife im Alter von	Art	Geschlechtsreife im Alter von
Berglemming ♀	19 Tage (!)	Katze	1 Jahr
Biber	2 Jahre	Kröten	3– 4 Jahre
Bison	3 Jahre	Krokodil	3– 6 Jahre
Blauwal	4 Jahre	Löwe	3– 5 Jahre
Braunbär	5 Jahre	Makak	2 Jahre
Brückenechse	20 Jahre (!)	Maulwurf	2 Jahre
Eidechsen	2– 3 Jahre	Maus	2– 6 Monate
Eisbär	2– 3 Jahre	Meerschweinchen	55–70 Tage
Elefanten	12–15 Jahre	Mensch	12–18 Jahre
Enten	1– 2 Jahre	Nashorn	20 Jahre (!)
Europäische Sumpfschildkröte	12 Jahre	Opossum	8 Monate
Fledermaus	1 Jahr	Orang Utan	10 Jahre
Flußpferd	2,5 Jahre	Pavian	4– 8 Jahre
Forelle	2– 4 Jahre	Pferd	3– 4 Jahre
Fuchs	10 Monate	Ratte	2– 3 Monate
Gibbon	8–10 Jahre	Raubvögel	3– 6 Jahre
Giraffe	6– 7 Jahre	Reh	14 Monate
Goldhamster	2 Monate	Rind	1,5– 2 Jahre
Gorilla ♂	9–10 Jahre	Salamander	3– 4 Jahre
Gorilla ♀	6– 7 Jahre	Schaf	1– 2 Jahre
Grasfrosch	3 Jahre	Schimpanse	8–10 Jahre
Hase	6 Monate	Schnabeltier	2 Jahre
Hausschwein	7 Monate	Seehund	4 Jahre
Hering	3– 7 Monate	Singvögel	1 Jahr
Hirsch	1,5 Jahre	Spitzmaus (Sorex)	1– 2 Jahre
Hühner	1– 2 Jahre	Steinmarder	2 Jahre
Hummer	5 Jahre	Strauß	3– 4 Jahre
Hund	1 Jahr	Tiger	4– 5 Jahre
Igel	2 Jahre	Weinbergschnecke	2– 3 Jahre
Kamel	4 Jahre	Wildschwein	1,5 Jahre
Kaninchen	5– 9 Monate	Wolf	3 Jahre
Karpfen	4– 5 Jahre	Ziege	1– 2 Jahre

Tabelle 1.9.5: Teilungsdauer von Protozoen

Werte für die Zellteilung höherer Organismen siehe Tabelle 5.7.

Angaben nach OPPENHEIMER u. PINCUSSEN 1930

Art	Teilungsdauer
Amoeba cristalligera	3 Min
Amoeba vespertilio	1 Std
Opalina ranarum	40–50 Min
Paramecium aurelia	ca. 2 Std
Paramecium caudatum	ca. 1 Std
Pelomyxa binucleata	7,5 Std
Stentor polymorphus	ca. 2 Std
Stylonychia mytilus	1– 2 Std
Vorticella	30 Min

Tabelle 1.9.6: Fortpflanzung und Entwicklung einiger Insekten

Werte aus ALTMAN u. DITTMER 1972, SPECTOR 1956

Art	Eier pro Weibchen	Dauer der Entwicklungsstadien in Tagen				Generationen pro Jahr
		Ei	Larve	Puppe	Imago	
Bohnen-Blattlaus		90–120	10	–	7– 20	
Heimchen	728	56– 84	210–231	–	50– 90	1
Heuschrecke	300– 400	90–120	6– 40	–	>30	1
Honigbiene		3	8	9	35– 40	
Laus	50– 300	5– 21	7– 10	–	10– 30	10–12
Mehlkäfer	276	12– 16	120–150	18–20	60– 90	1
Mehlmotte	116– 700	>3	40	5– 7	3– 4	>6
Rapsweißling	200– 500	7	14	7–14		3– 6
Schabe (Blatella germanica)	218– 267	17	40– 42	–	80–232	1– 4
Schabe (Periplaneta americana)	200–1000	32– 58	285–616	–	102–558	≤1
Schmeißfliege	100– 500	1– 2	4– 15	3–13	10– 40	2– 4
Seidenspinner	300– 500	9– 12	21– 25	14–21	2– 3	1– 2
Stabheuschrecke	200	90	110	–	180	1
Stechmücke (Aedes)	75– 750	2–365	6	2– 3	15– 60	3–12
Stubenfliege	75– 720	1– 3	4– 10	4–18	10– 50	4–18
Taufliege (Drosophila)	100	<1	3– 11	2– 8	14	5– 6

Tabelle 1.9.7: Fortpflanzungs- und Entwicklungsdaten einiger einheimischer Schmetterlinge im Jahreslauf

Über die Dauer der einzelnen Stadien einiger Insekten siehe Tabelle 1.9.6. Sind Monatsangaben durch ein ; getrennt, so bedeutet das, daß mehrere Generationen auftreten.

Angaben aus AMANN 1976, HIGGINS u. RILEY 1971, SIEDENTOP u. FLINDT 1977

	Imago	Ei	Raupe	Puppe
Abendpfauenauge	VI–VII	VI	VI–IX	IX–VI
Admiral	V–VI; VII–VIII; IX–X	IV–VII	VI–X	IX–X
Apfelwickler	VIII	IV	V–VI o. V–IV	VII
Aurorafalter	IV–VI	V	V–VII	VIII–IV
Brauner Bär	VII–VIII	VII–VIII	VIII–V	VI–VII
C-Falter	VI–VII; VIII–V	V; VII	V–VI; VII–VIII	VI; VIII
Eichen-Prozessionsspinner	VIII–IX	IX–V	V–VII	VIII
Kleiner Frostspanner	X–XII	XI–III	III–VI	VI–X
Kleiner Fuchs	VI–VII; VIII–VI	V; VII	V–VI; VII–VIII	VI–VII; VIII
Hausmutter	VI–VII; VIII–IX	VIII	IX–V	V–VI
Kaisermantel	VI–IX	IX–IV	IV–VI	VI
Kiefernschwärmer	V–VII	V–VI	VI–X	X–V
Kiefernspinner	VI–VII	VII	VIII–VI	VI–VII
Kohlweißling	IV–VI; VII–VIII; IX–X		VI–VII, VIII–X	VII–VIII; X–V
Landkärtchen	IV–VI; VII–VIII	V; VII	VI–VII; VIII–IX	VII; IX–V
Ligusterschwärmer	V–VII	VI	VI–IX	IX–VI
Rotes Ordensband	VII–IX	VIII–V	V–VI	VI–VII
Schwalbenschwanz	IV–VI; VII–VIII	V–VI; VIII	V–VI; VIII–IX	VI–VII; VIII–IV
Schwammspinner	VII–IX	IX–V	V–VI	VI–VII
Tagpfauenauge	VII–V	V–VI	V–VII	VII
Taubenschwanz	VII–X		VI–VIII	VII–VIII
Trauermantel	VII–VI	V–VI	VI–VII	VII
Zitronenfalter	VII–VI	VI	VI–VII	VII

Tabelle 1.9.8: Laichdaten einiger einheimischer Fische

Werte nach LADIGES u. VOGT 1965

Art	Monate	Art	Monate
Äsche	III–VI	Karausche	V–VI
Bachforelle	I–III	Karpfen	V–VII
Bachneunauge	II–V	Lachs	IX–II
Barbe	V–VII	Meerneunauge	V–VII
Bitterling	IV–VI	Plötze	IV–V
Brachse	V–VI	Regenbogenforelle	XII–V
Döbel	IV–VI	Rotfeder	IV–V
Elritze	IV–VI	Schmerle	III–IV
Flußbarsch	III–VI	Stichling	III–VII
Groppe	III–V	Stör	VI–VII
Gründling	V–VI	Wels	V–VII
Hecht	II–IV		

Tabelle 1.9.9: Eigröße und Eizahl pro Gelege bei einigen Fischen

Bei der Gelegegröße ist die Eizahl pro kg Körpergewicht angegeben. Absolute Zahlen siehe Tabelle 1.9.10. Werte für Vögel siehe Tabelle 1.9.12 und 1.9.13. Der Gelegegröße nach geordnet.

Aus BOGNER u. RITTER 1976, ZISWILER 1976

Art	Eidurchmesser in mm	Gelegegröße pro kg Körpergewicht
Steinbutt	0,9– 1,2	1 200 000
Aalquappe	1,0– 1,5	1 000 000
Makrele	0,9– 1,4	800 000
Kabeljau	1,2– 1,8	500 000
Scholle	1,6– 2,2	150 000
Flußbarsch	2,0– 2,5	100 000
Karpfen	1,2– 1,5	100 000
Hering	1,2– 1,5	100 000
Stint	0,9– 1,0	50 000
Hecht	2,5– 3,0	30 000
Stör	2,0– 3,0	25 000
Äsche	3,2– 4,0	8 000
Forelle	3,5– 5,5	2 500
Lachs	5,5– 6,0	2 000
Kreuzwels	19,0–22,0	50

Tabelle 1.9.10: Eizahlen bzw. Zahl der Jungtiere pro Jahr bei Fischen, Amphibien und Reptilien

Eigrößen und Gelegegrößen im Vergleich zum Körpergewicht bei Fischen siehe Tabelle 1.9.9.

Angaben aus GRZIMEK 1970, Kosmos-Lexikon 1953, ZISWILER 1976

Art	Nachkommenzahl
Fische	
Bachforelle	bis 1500 Eier
Bitterling	50 Eier
Blauhai	30–50 Junge
Hering	30000 Eier
Kabeljau	6500000 Eier
Karpfen	bis 700000 Eier
Katzenhai	18–20 Eier
Lachs	bis 40000 Eier
Manta	1 Junges
Sandhai	2 Eier
Steinbutt	9000000 Eier
Stichling	60–120 Eier
Stör	6000000 Eier
Zander	bis 500000 Eier
Zitterrochen	10–14 Eier
Amphibien	
Alpensalamander	1–2 Junge
Erdkröte	5000–8000 Eier
Feuersalamander	20–40 Larven
Geburtshelferkröte	60–80 Eier
Grasfrosch	1000–4000 Eier
Kammolch	100–200 Eier
Laubfrosch	800–1000 Eier
Unken	50–80 Eier
Wasserfrosch	10000 Eier
Wechselkröte	10000–12000 Eier
Reptilien	
Anakonda	30– 40 Junge
Blindschleiche	5– 15 Eier
Elefantenschildkröte	10– 14 Eier
Glattnatter	3– 15 Junge
Griechische Landschildkröte	5– 8 Eier
Klapperschlange	10– 20 Junge
Kreuzotter	5– 18 Junge
Lederschildkröte	80–100 Eier
Mauereidechse 2–3 mal	2– 8 Eier

Art	Nachkommenzahl
Mississippi-Alligator	20– 70 Eier
Nilkrokodil	30– 50 Eier
Nilwaran	40– 60 Eier
Python	100 Eier
Ringelnatter	bis 40 Eier
Afrikanische Spaltenschildkröte	1 Ei
Sumpfschildkröte	3– 16 Eier
Waldeidechse	3– 10 Junge
Zauneidechse	5– 14 Eier

Tabelle 1.9.11: Fortpflanzungsdaten einheimischer Amphibien und Reptilien

Angegeben sind die Monate, in denen die Eier abgelegt, bzw. die Jungen geboren werden. Nachkommenzahlen siehe Tabelle 1.9.10.

Angaben nach MERTENS 1947, SIEDENTOP u. FLINDT 1977

Art	Monate
Amphibien	
Erdkröte	II–IV
Feuersalamander	III–X
Geburtshelferkröte	V–VI
Gelbbauchunke	IV–IX
Grasfrosch	II–IV
Knoblauchskröte	III–V
Kreuzkröte	IV–VI
Laubfrosch	IV–V
Molche	III–V
Moorfrosch	III–IV
Rotbauchunke	V
Springfrosch	III–IV
Wasserfrosch	V–VI
Wechselkröte	IV–VI
Reptilien	
Äskulapnatter	VI–VII
Blindschleiche	VIII–IX
Glattnatter	VIII–IX
Kreuzotter	VIII–IX
Mauereidechse	V–VI
Ringelnatter	VII–VIII
Waldeidechse	VI–VIII
Würfelnatter	VI
Zauneidechse	V–VII

Tabelle 1.9.12: Zahl der Eier pro Gelege bei einigen Vogelarten

Beim Kuckuck erfolgt die Angabe pro Brutperiode. Zum Vergleich: Ein Haushuhn in einer Legebatterie legt im Jahr durchschnittlich 265 Eier (Stand 1985).
Zur Eigröße siehe Tabelle 1.9.13.

Werte nach BERNDT u. MEISE 1959, HARRISON 1975, HOEHER 1972, MICHAELIS 1974

Art	Gelegegröße	Art	Gelegegröße
Aaskrähe	5	Kolibri (Mellisuga)	2
Albatros	1	Kolkrabe	4– 6
Amsel	4– 6	Kormoran	3– 4
Auerhuhn	6–10	Kuckuck	15–16
Bachstelze	5– 6	Lachmöwe	3
Birkhuhn	6–12	Mäusebussard	2– 3
Bläßhuhn	5– 9	Mauersegler	2
Blaumeise	10–13	Mönchsgrasmücke	5
Buchfink	4– 6	Nachtigall	4– 6
Buntspecht	4– 8	Pirol	3– 4
Dohle	5	Rauchschwalbe	4– 5
Eichelhäher	5– 6	Rebhuhn	8–18
Eisvogel	6– 7	Ringeltaube	2– 3
Elster	6– 7	Rotkehlchen	5– 6
Fasan	8–12	Schleiereule	4– 6
Feldlerche	3– 5	Schwarzspecht	4– 5
Fischreiher	3– 5	Silbermöwe	2– 3
Flamingo	1	Star	5– 7
Gänsegeier	1	Steinadler	2
Goldammer	3– 5	Stockente	7–11
Graugans	5– 6	Storch	3– 5
Habicht	3– 4	Strauß	15
Haubentaucher	4	Teichrohrsänger	4
Haussperling	5– 6	Truthahn	8–12
Höckerschwan	5– 8	Uhu	2– 3
Kiebitz	4	Wellensittich	4– 6
Kleiber	6– 8	Wintergoldhähnchen	8–11
Königspinguin	1	Zaunkönig	6– 7
Kohlmeise	8–10	Zilpzalp	5– 6

Tabelle 1.9.13: Eigröße und Eigewicht einiger Vogelarten

Die Eigrößen anderer Tiergruppen siehe Tabelle 1.9.1 und 1.9.9. Die Gelegegröße von Vögeln entnehme man Tabelle 1.9.12.
Zum Vergleich: Ein Hühnerei wiegt durchschnittlich 50 g.

Angaben nach BERNDT u. MEISE 1959, GRZIMEK 1970, HARRISON 1957, HOEHER 1972, STARCK 1975, ZISWILER 1976

Art	Eigröße in mm	Eigewicht in g
Aaskrähe	40 × 30	19,0
Amsel	29 × 22	6,0– 9,0
Bläßhuhn	52 × 36	38,0
Buchfink	19 × 15	2,1
Buntspecht	26 × 19	5,2
Dohle	35 × 25	12,0
Eisvogel	23 × 19	4,5
Elster	34 × 24	10,0
Fasan	45 × 36	30,0
Feldlerche	23 × 17	3,4
Fischreiher	61 × 43	60,0
Gänsegeier	92 × 70	252,0
Graugans	86 × 57	176,0
Haubentaucher	53 × 36	40,0
Hausrotschwanz	19 × 15	2,0
Haussperling	22 × 16	3,0
Höckerschwan	114 × 74	350,0
Kaiserpinguin	131 × 86	450,0
Kiebitz	46 × 33	25,0
Kohlmeise	18 × 13	1,6
Kolibri (Mellisuga)	13 × 8 (!)	0,2 (!)
Kolkrabe	50 × 34	30,0
Lachmöwe	52 × 37	38,0
Mäusebussard	56 × 45	60,0
Mauersegler	25 × 16	3,6
Nachtigall	21 × 16	2,7
Rauchschwalbe	20 × 13	2,0
Ringeltaube	40 × 29	19,0
Star	30 × 21	6,5
Steinadler	76 × 58	140,0
Stockente	58 × 41	50,0
Storch	77 × 53	118,0
Strauß	150 × 130 (!)	1500,0 (!)
Ausgestorbener Madagaskar-strauß (Aepyornis)	340 × 250	10000,0
Uhu	60 × 50	75,0
Waldohreule	40 × 32	23,0

Fortsetzung →

Art	Eigröße in mm	Eigewicht in g
Wanderfalke	52 × 41	48,0
Wellensittich	19 × 16	2,0
Wintergoldhähnchen	14 × 10	0,7
Zaunkönig	16 × 12	1,3
Zilpzalp	15 × 12	1,4

Tabelle 1.9.14: Brutdauer und Nestlingszeit (bei Nesthockern) **einiger Vogelarten**

Zeit in Tagen. NF = Nestflüchter.
Zum Vergleich: Ein Haushuhn brütet 21 Tage.

Werte aus Berndt u. Meise 1959, Harrison 1975, Heinroth 1955, Hoeher 1972, Michaelis 1974, Pflugfelder 1962, Spector 1956, Ziswiler 1976

Art	Brutdauer	Nestlingszeit
Aaskrähe	18–20	30–32
Amsel	13–14	13–16
Bläßhuhn	21–24	NF
Buchfink	12–13	13–14
Buntspecht	12–13	21
Dohle	17–18	30–35
Eisvogel	19–21	26–28
Elster	17–18	25–27
Fasan	23–25	NF
Feldlerche	11–14	9–10
Gänsegeier	48–50	90
Haubentaucher	25–29	NF
Hausrotschwanz	13	13–16
Haussperling	12–14	15–16
Höckerschwan	34–38	NF
Kanarienvogel	12–14	16–20
Kiebitz	24–29	NF
Königsalbatros	80 (!)	243 (!)
Königspinguin	52	NF
Kohlmeise	13–14	15–18
Kolibris	14–17	19–29
Kolkrabe	20–21	40–50
Kuckuck	12	22–23
Lachmöwe	22–24	NF
Mäusebussard	33–35	42–49
Mauersegler	18–20	38–54

Art	Brutdauer	Nestlingszeit
Nachtigall	13	11–12
Rauchschwalbe	14–16	21
Ringeltaube	15–17	21–28
Star	14–15	21
Steinadler	43–45	75–80
Stockente	26–29	NF
Storch	31–34	54–55
Strauß	42	NF
Uhu	31–37	70
Waldohreule	27–28	21–24
Wanderfalke	28–29	35–38
Wellensittich	18	30
Zaunkönig	14–16	15–17
Zilpzalp	13–14	13–16

Tabelle 1.9.15: Brutzeiten einiger bekannter einheimischer Vögel

Die Brutdauer und Nestlingszeit siehe Tabelle 1.9.14.
Monate durch römische Zahlen gekennzeichnet. Die Ziffern 1, 2, 3 hinter dem Strich bedeuten das 1., 2. oder 3. Drittel des betr. Monats.

Angaben aus Siedentop u. Flindt 1977

Art	Brutzeit in den Monaten	Art	Brutzeit in den Monaten
Aaskrähe	III–VI	Feldlerche	III–VIII
Amsel	III–VII	Feldschwirl	IV/3–VII
Austernfischer	V–VI/2	Fischreiher	III/3–VI
Bachstelze	IV–VII	Fitislaubsänger	IV/3–VI
Baumpieper	V–VII	Gartengrasmücke	V–VI
Bekassine	IV/3–VII	Gartenrotschwanz	V–VI
Bläßhuhn	IV/3–V	Gimpel	V–VII
Blaumeise	IV–VI	Girlitz	IV–VI
Brachvogel	IV–V/1	Goldammer	IV–VIII
Buchfink	IV–VI	Grauschnäpper	V–VI
Buntspecht	V/3–VII	Grünling	IV–VI
Dohle	IV–V	Grünspecht	IV/2–VI/2
Dorngrasmücke	V–VI	Hänfling	III–VIII
Drosselrohrsänger	V–VI	Haubenlerche	IV/3–VI
Eichelhäher	IV–VI	Hausrotschwanz	IV–VIII
Elster	IV–VII	Heckenbraunelle	III–VII
Fasan	III/3–VI	Heidelerche	III–VII

Fortsetzung →

Art	Brutzeit in den Monaten	Art	Brutzeit in den Monaten
Höckerschwan	IV–V	Singdrossel	IV–VIII
Klappergrasmücke	V–VII	Sommergoldhähnchen	V–VII
Kleiber	IV–V	Sperber	V–VI/1
Kohlmeise	IV–VII	Sperlinge	IV–VIII
Lachmöwe	IV/3–VI/1	Star	IV–VI
Mäusebussard	III/3–VII/1	Stieglitz	V–VI
Mauersegler	V–VI	Stockente	III–V
Mehlschwalbe	IV–VIII	Storch	IV–V
Milan, Roter	IV–VI	Sumpfmeise	IV–VI
Misteldrossel	IV–VII	Sumpfrohrsänger	V/3–VI
Mönchsgrasmücke	V–VII	Teichhuhn	IV/2–V/2
Nachtigall	V–VI	Teichrohrsänger	V–VIII
Neuntöter	V–VII	Turmfalke	IV–VII/2
Pirol	V–VI	Waldkauz	III/2–V
Rauchschwalbe	IV–VIII	Waldlaubsänger	V/2–VI
Rebhuhn	IV/2–VI/1	Waldohreule	III/2–V/2
Ringeltaube	IV/3–VIII/1	Wendehals	V–VI
Rohrammer	V–VIII	Wiedehopf	V–VI
Rotkehlchen	IV–VII	Zaunkönig	V–VII
Saatkrähe	III–VI	Ziegenmelker	V–VI
Schilfrohrsänger	V–VII	Zilpzalp	IV/3–VI

Tabelle 1.9.16: Zusammensetzung des Hühnereis

Aus Starck 1975

	Dotter 32 %	Eiklar 57 %	Schale 1 %	Insgesamt
Wasser	50 %	86 %	–	65 %
Eiweiße	16 %	13 %	–	13 %
Fette	32 %	–	–	10 %
Kalk	–	–	94 %	11 % (Kalk und Keratin der Schale zusammen)
Keratin der Schale	–	–	4 %	
Weitere Stoffe	2 %	1 %	2 %	1 %

Tabelle 1.9.17: Embryonalentwicklung des Kükens

In Tabelle 1.9.18 ist angegeben, zu welcher Zeit welches Keimstadium erreicht ist.

Nach PFLUGFELDER 1962, verändert

Alter	Gewicht in g	tägliche Gewichts-Zunahme in %
1 Tag	0,0002	
2 Tage	0,003	1400
3 Tage	0,02	570
4 Tage	0,05	150
5 Tage	0,13	160
6 Tage	0,29	125
7 Tage	0,57	97
8 Tage	1,15	102
9 Tage	1,53	33
10 Tage	2,26	48
11 Tage	3,68	63
12 Tage	5,07	38
13 Tage	7,37	45
14 Tage	9,74	32
15 Tage	12,0	23
16 Tage	15,98	33
17 Tage	18,59	16
18 Tage	21,83	17
19 Tage	25,62	17
20 Tage	30,21	18
21 Tage, Schlüpfen ca.	35	16

Tabelle 1.9.18: Keimesentwicklung einiger Säuger und Vögel

Angegeben ist die Zeit von der Befruchtung bis zum Erreichen des betreffenden Stadiums. Zur Keimesentwicklung siehe auch SIEWING 1980.

Angaben nach ALTMAN u. DITTMER 1972, AUSTIN u. SHORT 1978, LANGMANN 1976, SPECTOR 1956

Art	2-Zell-Stadium in Std.	4-Zell-Stadium in Std.	Beginn der Implantation in Tagen	Primitivstreifen in Tagen	Augen zu in Tagen	Augen offen in Tagen	Geburt oder Schlüpfen in Tagen
Goldhamster	16	40	4,5	6,5– 7	–	–	16
Huhn	3	3,25	–	1,5	13	21	22
Kaninchen	8	11	7	6,5	19	42	32

Fortsetzung →

Art	2-Zell-Stadium in Std.	4-Zell-Stadium in Std.	Beginn der Implantation in Tagen	Primitivstreifen in Tagen	Augen zu in Tagen	Augen offen in Tagen	Geburt oder Schlüpfen in Tagen
Mensch	38	48	6,5	19	70	140	267
Opossum	40	56	6	6,5	12,25	72	12,5
Ratte	24	48	6	8,5	18	38	22
Rhesusaffe	24	36	9	19	48	–	164
Schaf	30	34	10	13	42	84	150
Schwein	30	40	–	11	50	90	112
Sperling	–	–	–	1,5	11	20	14

Tabelle 1.9.19: Länge der Reifezeit einiger Säugetiere

Angegeben ist das Lebensalter bis zum Eintritt der Geschlechtsreife in % der durchschnittlichen Lebensdauer. Das Geschlechtsreifealter siehe Tabelle 1.9.4, die Lebensdauer Tabelle 1.1.2.
Der Größe nach geordnet.

Nach Krumbiegel 1955

Art	Reifezeit in % der Lebensdauer	Art	Reifezeit in % der Lebensdauer
Eisbär	4	Wildkatze	10
Wildschwein	6	Murmeltier	11
Hase	6	Gemse	12
Pinseläffchen	6	Kamel	13
Reh	7	Braunbär	14
Ratte	8	Hermelin	15
Siebenschläfer	8	Elch	15
Flußpferd	9	Pavian	16
Fuchs	10	Mensch	21
Dachs	10	Schimpanse	25

Tabelle 1.9.20: Dauer von Zyklus und Östrus bei einigen Säugetieren

Angaben nach AUSTIN 1967, AUSTIN u. SHORT 1978, KOLB 1974, NIETHAMMER 1979

Art	Zyklus-Dauer	Östrus-Dauer
Fuchs	–	2– 4 Tage
Goldhamster	4 Tage	12 Std.
Hausmaus	4– 5 Tage	10–20 Std.
Hund	–	9 Tage
Katze	14 Tage	7–10 Tage
Meerschweinchen	17 Tage	6–11 Std.
Mensch	28 Tage	–
Pferd	22 Tage	4– 6 Tage
Ratte	5 Tage	10–20 Std.
Rhesusaffe	28 Tage	–
Rind	20 Tage	12–22 Std.
Schaf	16 Tage	30–36 Std.
Schimpanse	35 Tage	–
Schwein	21 Tage	2– 3 Tage

Tabelle 1.9.21: Dauer der Gravidität (Tragzeit) und Zahl der Jungen verschiedener Säugetiere

Normalerweise ist die Tragzeit gleich der Fötalperiode. Bei manchen Tieren, z.B. Marder, Reh, kommt es infolge einer Keimruhe zu einer «verlängerten Tragzeit». Die eigentliche Entwicklungszeit ist dann in Klammern angegeben. Die höchste Nachkommenzahl beim Menschen ist bei der Frau des russischen Bauern F. Wassilet registriert worden. Sie brachte bei 27 Entbindungen insgesamt 69 Kinder zur Welt. Sie bekam 16mal Zwillinge, 7mal Drillinge und 4mal Vierlinge.

Werte nach ALTMAN u. DITTMER 1972, AUSTIN u. SHORT 1978, BERTELSMANN 1979, HARMS 1966, KARCHER 1975, KRUMBIEGEL 1953, MEYER 1964, MICHEL 1986, NIETHAMMER 1979, PFLUGFELDER 1962, SLIJPER 1967, SPECTOR 1956, STARCK 1975, WEISMANN 1976, WOOD 1982, ZISWILER 1976

Art	Dauer der Gravidität in Tagen	Anzahl der Nachkommen pro Wurf (Geburt)
Biber	180	2– 4
Blauwal	320–360	1
Braunbär	240	2– 4
Dachs	200 (56)	2– 5
Delphin	276	1
Dromedar	388	1
Eichhörnchen	35	3
Eisbär	240	2– 4

Fortsetzung →

Art	Dauer der Gravidität in Tagen	Anzahl der Nachkommen pro Wurf (Geburt)
Elefant	623–660 (!)	1
Esel	365	1
Feldmaus	21	4
Fledermaus	50	1
Flußpferd	237–247	1
Fuchs	49– 55	3– 7
Gemse	147–190	1– 2
Gibbon	210	1
Giraffe	431–465	1
Goldhamster	16	1–12
Gorilla	251–289	1
Hase	42	2– 4
Hausmaus	21– 24	3–10
Hund (je nach Rasse)	59– 65	1–10
Igel	34– 49	4–10
Iltis	180 (43)	3– 7
Känguruhs	30– 40	1
(+ im Beutel)	135–240	
Kamel	390–398	1
Kaninchen	30– 32	4–12
Katze	55– 66	4
Löwe	108	2– 6
Makak	168	1
Maulwurf	28– 42	1– 6
Meerschweinchen	63– 68	2
Mensch	274	1
Nashorn	548–578	1
Opossum	13 (!)	bis 12
Orang Utan	233	1
Pferd	314–373	1
Ratte	21	7– 9
Reh	280 (150)	1– 2
Rentier	242	1
Rhesusaffe	163	1
Riesenkänguruh	38– 40	1
Rind	280	1
Rothirsch	234	1
Schimpanse	231–253	1
Schwein	114	6–12
Seehund	300	1
Siebenschläfer	28	3– 7
Steinmarder	260 (42)	3– 5
Tiger	105	2– 3

Art	Dauer der Gravidität in Tagen	Anzahl der Nachkommen pro Wurf (Geburt)
Waldmaus	25	2– 3
Waldspitzmaus	20	6– 7
Walroß	330–370	1
Wildschwein	133–139	4–10
Wolf	62– 66	4– 9
Ziege	150	2– 3

Tabelle 1.9.22: Relatives Geburtsgewicht von Säugetieren

Angaben in % des Körpergewichts der Mutter. Werte der Größe nach geordnet. Siehe dazu auch Tabelle 1.1.10.

Werte aus KRUMBIEGEL 1955, NIETHAMMER 1979, SCHULTZ 1972, SLIJPER 1967, ZISWILER 1976

Art	rel. Geburtsgewicht	Art	rel. Geburtsgewicht
Riesenkänguruh	0,0003	Mensch	5,0
Kamtschatkabär	0,166	Pavian	7,1
Puma	0,7	Stachelmaus	9,0
Ratte	1,0	Seehund	10,0
Flußpferd	1,0	Etruskerspitzmaus	10,0
Schimpanse	2,5	Pinseläffchen	12,1
Gorilla	2,6	Greifstachler	30,0
Blauwal	3,0	Delphin	30,0
Afrikanischer Elefant	4,0	Fledermäuse	10–40,0

Tabelle 1.9.23: Normal-Wachstum (Mittelwerte des Körpergewichts) einiger Haus- und Laboratoriumstiere

Berücksichtigt sind die in der Forschung am meisten gebrauchten Stämme. Angaben in Gramm. Maximal-Gewichte siehe Tabelle 1.1.10.

Werte nach ALTMANN u. DITTMER 1972

	Meerschweinchen		Goldhamster		Hausmaus		Wanderratte	
	♂	♀	♂	♀	♂	♀	♂	♀
1 Tag	80	78	2,9	3,0	1,9	1,9	6,7	6,5
1 Woche	115	110	6,9	7,8	4,4	4,3	18,2	16,0
2 Wochen	155	145	18,3	17,5	6,5	6,0	43,0	40,8

Fortsetzung →

	Meer-schwein-chen		Goldhamster		Hausmaus		Wanderratte	
	♂	♀	♂	♀	♂	♀	♂	♀
3 Wochen	200	180	40,0	40,3	10,7	9,6	59,4	55,6
4 Wochen	240	218	48,7	44,2	13,7	12,4	98,9	94,9
6 Wochen	322	297	86,1	93,0	21,7	20,9	162,3	153,4
8 Wochen	405	374	91,5	94,5	25,5	22,8	235,7	202,0
10 Wochen	482	449	99,5	103,3	28,5	25,8	292,7	239,1
12 Wochen	546	518	103,9	114,9	33,4	29,9	358,7	246,6
16 Wochen	656	625	121,9	135,9	34,5	32,4	388,0	259,9
20 Wochen	760	720	131,8	149,6	36,7	34,7	439,4	281,2
24 Wochen	840	796	140,5	157,8	39,8	36,8	452,0	288,4
28 Wochen	899	837	–	–	–	–	491,2	291,8

Tabelle 1.9.24: Verdoppelungszeiten des Geburtsgewichts einiger Säugetiere

Angegeben ist die Zahl der Tage, bis das Geburtsgewicht verdoppelt ist. Die Gewichtsentwicklung einiger Arten siehe Tabelle 1.9.23. Der Größe nach geordnet.

Werte aus Oppenheimer u. Pincussen 1927

Art	Verdoppelungszeit in Tagen
Maus	4 – 6
Ratte	5 – 9
Kaninchen	6
Schwein	6,5– 16
Hund	8
Katze	9,5
Schaf	10 – 12
Meerschweinchen	13 – 17
Ziege	18 – 20
Seehund	42
Rind	47
Pferd	60
Esel	70
Mensch	127 –180

Tabelle 1.9.25: Zusammensetzung der Milch einiger Säugetiere

Werte nach Documenta GEIGY 1975, GRZIMEK 1970, HIRSCH 1977, KLEIBER 1967, MEYER 1964, OPPENHEIMER u. PINCUSSEN 1925, SPECTOR 1956

Art	Wasser %	Eiweiß %	Fett %	Kohlenhydrate %
Blauwal	45,0	12,0	42,0	1,0
Büffel	89,6	4,0	1,8	4,6
Delphin	51,0	4,0	44,0	1,0
Elefant	66,7	3,2	22,1	7,4
Esel	90,0	2,0	2,0	6,0
Fuchs	81,6	6,6	5,9	4,9
Giraffe	78,3	5,8	12,5	3,4
Hund	81,5	6,8	8,6	4,1
Kamel	87,1	3,7	4,2	4,1
Kaninchen	71,0	10,5	16,5	2,0
Katze	82,3	9,1	3,3	4,9
Maus	60,0	12 –13,0	21 –33,0	2,0
Meerschweinchen	81,9	7,4	7,2	2,7
Mensch	87,7	1,03	4,4	6,9
Nashorn	89,3	3,2	0,3	7,2
Orang Utan	88,5	1,4	3,5	2,7
Pavian	85,4	1,6	5,1	7,5
Pferd	91,1	2,1	1,25	6,3
Ratte	68,0	12,0	15,0	3,0
Reh	76,0	9,0	10,5	4,5
Rentier	64,7	10,3	22,5	2,5
Rind	88,5	3,2	3,7	4,6
Rotes Riesenkänguruh	78,0	6,0–8,0	2,0–10,0	4,0–15,0
Schaf	81,6	5,6	7,5	4,4
Schwarzbär	79,5	7,6	10,9	1,6
Schwein	80,9	5,8	8,5	4,8
Yak	72,5	5,2	7,0	5,3
Ziege	86,0	3,6	4,2	4,8

Tabelle 1.9.26: Jährliche Milchleistungen von Haustieren

Bei den Angaben handelt es sich um Durchschnittswerte. Bei den Rindern werden Spitzenleistungen von über 10000 Litern pro Jahr erreicht. Hochleistungskühe in Israel erbringen bis zu 13000 Liter Milch im Jahr.

Werte nach BERTELSMANN 1979, MANN 1979

Art	Durchschnittliche Milchleistung im Jahr
Rind	4000–5000 Liter
Schaf	500– 700 Liter
Ziege	600– 800 Liter
Zebu	180– 250 Liter

Tabelle 1.9.27: Säugeperiode einiger Säugetiere

Werte aus FRÄDRICH u. FRÄDRICH 1973, KOLB 1974

Art	Säugeperiode
Braunbär	3– 4 Monate
Elefanten	bis 2 Jahre
Esel	12–20 Wochen
Fuchs	7– 8 Wochen
Gorilla	1,5 Jahre
Hirsch	3– 4 Monate
Hund	6 Wochen
Igel	18–20 Tage
Kaninchen	8 Wochen
Katze	4– 6 Wochen
Löwe	10 Wochen
Meerschweinchen	2– 3 Wochen
Nashörner	2 Jahre
Orang Utan	3– 4 Jahre
Pferd	12–20 Wochen
Reh	2– 3 Monate
Rhesusaffe	7–14 Monate
Rind	8–10 Wochen
Schaf	6–12 Wochen
Schimpanse	>1 Jahr
Schwein	8–10 Wochen
Seehund	4– 6 Wochen
Tiger	8 Wochen
Wildschwein	2– 3 Monate
Wolf	7– 8 Wochen

Tabelle 1.9.28: Schonzeiten jagdbarer Tiere in Deutschland

Angaben aus DJV-Handbuch 1978

	Schonzeit, Monate
Rothirsche, ♂ und ♀	II–VII
Rothirsche, Kälber	III–VII
Damwild, ♂ und ♀	II–VIII
Damwild, Kälber	III–VIII
Rehe, Böcke	15. X–15. V
Rehe, Ricken	II–VIII
Gemsen	15. XII–VII
Wildschweine (Schwarzwild)	II–15. VI
Hasen	15. I–IX
Marder (Stein- u. Baum-)	III–15. X
Dachse	IX–VII
Auerhühner	VI–IV
Rebhühner	15. XII–VIII
Fasane	15. I–IX
Tauben (Ringel-, Türken-)	V–VI
Stockente	15. I–VIII
übrige Wildenten	15. I–IX
Wildgänse	15. I–X
Waldschnepfen	15. I–15. X

1.10 Nervensystem

Tabelle 1.10.1: Gehirngewichte (absolut) einiger Säugetiere

Die Angaben stellen Mittelwerte dar. Da die absoluten Werte infolge der starken Variabilität der Größe der einzelnen Arten nur geringe Aussagekraft haben, siehe die relativen Gehirngewichte in Tabelle 1.10.2. Für den Menschen siehe auch Tabelle 4.6.2.

Angaben nach HALTENORTH 1977, KRUMBIEGEL 1953

Art	Gehirngewicht	Art	Gehirngewicht
Blauwal	4700 g	Meerkatze	106 g
Delphin	700 g	Mensch	1200–1500 g
Elefant	4925 g	Opossum	6,5 g
Flußpferd	580 g	Orang Utan	370–400 g
Gibbon	118 g	Pferd	590 g
Gorilla	430–650 g	Ratte	3,05 g
Hund	135 g	Rind	540 g
Igel	3,4 g	Schimpanse	350–400 g
Katze	31,4 g	Schwein	112 g
Löwe	222 g	Tümmler	455 g
Maus	0,4 g	Wolf	114,4 g

Tabelle 1.10.2: Relatives Gehirngewicht einiger Wirbeltiere

Angaben in % des Körpergewichts. Ein Vergleich ist nur innerhalb nahe verwandter Formen sinnvoll. Die absoluten Gehirngewichte einiger Arten entnehme man Tabelle 1.10.1, der Cerebralisationsindex findet sich in Tabelle 1.10.4.

Werte nach BERTELSMANN 1979, HALTENORTH 1977, KOSMOS-LEXIKON 1953, KRUMBIEGEL 1953

Art	Relatives Gehirngewicht in %	Art	Relatives Gehirngewicht in %
Adler	0,6	Karpfen	0,4.
Blauwal	0,007	Katze	0,94
Elefant	0,08	Klammeraffe (Ateles)	6,6 (!)
Flußpferd	0,05	Löwe	0,2
Frosch	0,6	Maus	3,2
Goldhamster	0,88	Meerschweinchen	1,33
Gorilla	0,2	Mensch	2–2,5
Haifisch	0,04	Orang Utan	0,66
Hund	0,59	Pferd	0,25

Art	Relatives Gehirngewicht in %	Art	Relatives Gehirngewicht in %
Ratte	1,22	Sperling	2,9
Rind	0,07	Strauß	0,08
Schaf	0,33	Thunfisch	0,003
Schimpanse	0,8	Wolf	0,52

Tabelle 1.10.3: Gehirnoberfläche einiger Säugetiere

Angaben jeweils für eine Hemisphäre in mm².

Nach SALLER 1964

Art	Oberfläche einer Hemisphäre in mm²
Elefant	301843
Gibbon	16301
Meerkatze	14641
Mensch (Europäer, Durchschnittswert)	112471
Pferd	56995
Rind	49849
Schaf	14014
Schimpanse	39572
Schwein	13022
Tümmler	46994
Ziege	12005

Tabelle 1.10.4: Cerebralisationsindex von Vögeln und Säugetieren

Der Cerebralisationsindex ist der Quotient aus dem Gewicht der Großhirnhemisphären (Vögel) bzw. des Neopalliums (Säuger) und dem Gewicht der als ursprünglich angesehenen Gehirnteile.
Innerhalb der Vögel und Säugetiere jeweils der Größe nach geordnet.

Nach PORTMANN 1959 und 1965, STARCK 1974

Art	Cerebralisations index	Art	Cerebralisations-index
Fasan	3,18	Silbermöwe	4,31
Seetaucher	3,69	Seidenreiher	5,32

Fortsetzung →

Art	Cerebralisations index	Art	Cerebralisations-index
Stockente	6,08	Iltis	12,9
Habicht	7,24	Halbaffe (Mongoz)	13,5
Kolkrabe	18,95	Wildschwein	14,1
Papagei (Grünflügelara)	27,61	Fuchs	16,8
		Zebra	29,5
Wasserspitzmaus	0,759	Meerkatze	33,9
Igel	0,776	Pavian	47,9
Fledermaus	1,13	Menschenaffen	49
Bisamratte	2,75	Indischer Elefant	104
Kaninchen	4,6	Weißflankendelphin	121
Eichhörnchen	6,15	Mensch	170

Tabelle 1.10.5: Verteilung wichtiger Ionen an Zellmembranen verschiedener erregbarer Strukturen

Angaben in mmol. Die Größe der Ruhepotentiale siehe Tabelle 1.10.6.

Werte aus GAUER et coll. 1971, PENZLIN 1970, SCHMIDT 1974

	Kalium		Natrium		Chlorid	
	innen	außen	innen	außen	innen	außen
Tintenfisch, Riesennervenfaser	410	10	50	460	60	540
Frosch, Nerv	120	2,5	37	120		
Frosch, Skelettmuskel	130	2,5	15	120	10	120
Ratte, Skelettmuskel	152	4	16	150		
Ratte, Herzmuskel	140	2,7	13	150		
Katze, Skelettmuskel	150	4	12	150	4	140
Katze, Motoneuron	150	5,5	15	150	9	125

Tabelle 1.10.6: Ruhepotentiale von Nerven- und Muskelfasern

Zur Bildung des Ruhepotentials siehe Siewing 1980.

Werte aus FLOREY 1970, LAGET 1970, PENZLIN 1970, SCHMIDT 1974

Muskelfasern	
Frosch	−82 bis −100 mV
Ratte	−100 mV
Hund, Herzkammer	−65 bis − 95 mV
Hund, Vorhof	− 85 mV
Hund, Purkinje-Fasern	− 90 mV
Nervenfasern	
Tintenfisch, in situ (Sepia)	− 70 mV
Tintenfisch, isoliert	− 62 mV
Loligo	− 60 mV
Regenwurm	− 70 mV
Cambarus	− 90 mV
Schabe	− 70 mV
Carcinus	−70 bis − 94 mV
Frosch, markh. Faser	− 71 mV

Tabelle 1.10.7: Erregungsleitungsgeschwindigkeit in Nerven

Entsprechende Werte für Pflanzen siehe Tabelle 2.6.18.

Nach FLOREY 1970, GAUER et coll. 1971, HANKE et coll. 1977, KATZ 1971, LAGET 1970, SCHMIDT 1974

Tierart und Nervenfasertyp		Durchmesser in µm	Erregungsleitungsgeschwindigkeit in m/sec
Seenelke (Metridium)	Nervennetz		0,13
Ohrenqualle (Aurelia)	Nervennetz	6 – 12	0,5
Regenwurm	med. Riesenfaser	50 – 90	30
	lat. Riesenfaser	40 – 60	11,3
Sepia	Riesenfaser	200	7
Loligo	Riesenfaser	400 (!)	20
Hummer	Beinnerv	60 – 80	14 – 18
Krebs	Riesenfaser	100 –250	15 – 20
Schabe	Riesenfaser	50	1,5– 3,5
Karpfen	laterale Faser	20	47
Frosch	A-Faser	15	30
Katze	A-Faser	13 – 17	78 –102
	Spinalnerv	5,5	50
	C-Faser	0,5– 1	0,6– 2

Fortsetzung →

Tierart und Nervenfasertyp		Durchmesser in µm	Erregungsleitungs-geschwindigkeit in m/sec
Mensch	Aα-Faser	10 – 20	60 –120 (!)
	Aβ-Faser	7 – 15	40 – 90
	Aγ-Faser	4 – 8	30 – 45
	Aδ-Faser	2,5– 5	5 – 25
	B-Faser	3	3 – 15
	C-Faser	0,3– 1,3	0,6– 2,3

Tabelle 1.10.8: Größe der Entladungen elektrischer Fische

Zum Bau und zur Funktion elektrischer Organe siehe Siewing 1980.

Werte aus FLOREY 1970

Art	Spannung
Zitteraal (Electrophorus electricus)	700 V
Zitterwels (Malapterurus electricus)	350 V
Zitterrochen (Torpedo nobiliana)	60 V
Rochen (Narcine brasiliensis)	30 V
Rochen (Raja clavata)	4 V
Nilhechte (Mormyridae)	1–12 V

1.11 Sinne

Tabelle 1.11.1: Mindestgröße von Reizen für das Ansprechen eines Sinnesorgans

Werte jeweils bei optimaler Reizqualität.

Angaben nach AUTRUM 1948

Sinnesorgan	Mindestgröße des Reizes
Subgenualorgan, Schabe	4×10^{-10} Watt
Ohr, Heuschrecke	5×10^{-17} Watt
Auge, Mensch	$5{,}6 \times 10^{-17}$ Watt
Ohr, Mensch	8×10^{-18}–4×10^{-17} Watt

Tabelle 1.11.2: Größe des Augapfels verschiedener Tiere

Angaben nach KÄSTNER 1973, OPPENHEIMER u. PINCUSSEN 1925

Art	Durchmesser in mm	Volumen in cm^3
Elefant	40	
Fledermaus	1	
Hausmaus	3	
Huhn		1,78
Hund	20 – 21	5,1
Kaninchen	16,5	3,0
Katze	21	4,9
Löwe	35	
Mensch	24	6,5
Pferd	50 – 51	45,0
Ratte	6	
Riesenkalmar	400	
Rind	40 – 41	31,8
Schaf	30,5– 31	11,65
Schwein	25 – 26	9,5
Waldkauz		8,32

Tabelle 1.11.3: Brennweite der Linse im Auge verschiedener Tiere

Aus der Brennweite (in m) einer Linse ergibt sich die Brechkraft (in Dioptrien) als Kehrwert. Die Brechkraft einer Linse ist also umso größer, je kleiner die Brennweite ist. Die Brennweite verändert sich je nach dem Grad der Akkomodation (Einstellung auf die Nähe/Ferne). Daher ist beim Menschen der Bereich angegeben, der sich ohne, bzw. bei maximaler Akkomodation ergibt.

Angaben nach Berndt u. Meise 1959, Buddenbrock 1924, Velhagen 1972

Art	Brennweite
Blauwal	40 mm
Borstenwurm (Alciope)	0,3 mm
Frosch	5 mm
Grönlandwal	20 mm
Hase	10 mm
Löwe	25,5 mm
Mensch	69,9– 40,4 mm
Schwein	13,3 mm
Vögel (meist)	50 mm
Eulen	250 –500 mm
Hühner, Tauben	80 –125 mm
Tauchvögel	20 – 25 mm
Zitterrochen	2,23 mm

Tabelle 1.11.4: Zahl der Sehelemente im Auge verschiedener Tiere

Angaben pro mm². Die Zahl der Sehelemente pro ableitender Nervenfaser siehe Tabelle 1.11.5, die Zahl der Einzelaugen in Komplexaugen von Gliederfüßern siehe Tabelle 1.11.8.

Angaben nach Buddenbrock 1924, Kästner 1973, Ziswiler 1976

Art	Zahl der Sehelemente
Forelle	303 000
Frosch	95 000
Huhn	265 000
Karpfen	510 000
Katze	397 000
Mensch	160 000
Rind	358 000
Tintenfisch (Kalmar)	115 000
Waldkauz	680 000
Wanderratte	1 400 000

Tabelle 1.11.5: Zahl der Sehelemente pro ableitender Nervenfaser im Auge einiger Wirbeltiere

Angaben nach BUDDENBROCK 1924, SIEBECK 1977, ZISWILER 1976

Art	Zahl der Sehelemente/Nervenfaser
Blauwal	5100
Chamaeleon, Fovea	1 – 2
Hai	40
Hai, Zentrum	8
Mensch, Rand	130
Mensch, Fovea	1
Robbe	1500
Schweinswal	4900
Sperling	1
Tiger	2500

Tabelle 1.11.6: Sehschärfewinkel (Minimum separabile) verschiedener Tiere

Der Sehschärfewinkel bezeichnet den Grenzwinkel, unter dem zwei nahe beieinander liegende Punkte gerade noch getrennt wahrgenommen werden.
° = Grad, ′ = Bogenminuten, ″ = Bogensekunden.
Zum Vergleich: ein 17,5 mm großer Gegenstand erscheint auf 1 m Entfernung vom Auge unter einem Winkel von 1 °, ein 0,3 mm großer Gegenstand unter 1 Bogenminute (1′).

Werte aus BERNDT u. MEISE 1959, BUDDENBROCK 1956, NIETHAMMER 1979, PENZLIN 1970, RAHMANN 1967, SIEBECK 1977

Art	Sehschärfewinkel
Alligator	11′
Amsel	1′ 20″
Biene	1 °
Buchfink	1′ 20″
Einsiedlerkrebs	4 ° 12′
Indischer Elefant	10′ 20″
Elritze	10′ 50″
Esel	8′ 36″
Feldlerche	1′ 20″
Fledermaus (Mausohr)	3–6 °
Garnele	4 ° 35′
Goldammer	3′ 07″
Goldhamster	1 ° 04′
Grasfrosch	6′ 53″

Fortsetzung →

Art	Sehschärfewinkel
Huhn	4′ 14″
Katze	5′ 30″
Mensch	25″
Pferd	3′ 15″
Ratte (Wild)	20′
Ratte (Albino)	40′
Rhesusaffe	34″
Rothirsch	11′ 18″
Rotkehlchen	2′ 38″
Schimpanse	28″
Sumpfschildkröte	2′ 51″
Taube	2′ 42″
Taufliege	9° 17′
Wanderfalke	25″
Zauneidechse	11′ 28″

Tabelle 1.11.7: Gesichtsfeld (horizontal) beider Augen von verschiedenen Tieren

Die Angaben stellen Mittelwerte dar. Innerhalb der Primaten ergeben sich je nach Lage der Augen z. T. erhebliche Unterschiede.

Angaben nach Siebeck 1977

Art	Gesichtsfeld
Eidechsen	280–300°
Frösche	334–360°
Hund	250°
Krokodile	295°
Primaten	180°
Schleiereule	160°
Scholle	360°
Taube	300°
Turmfalke	300°

Tabelle 1.11.8: Zahl der Einzelaugen (Ommatidien) in Komplexaugen von Gliederfüßern

Der steigenden Zahl nach geordnet.
Näheres zum Aufbau und der Funktionsweise siehe auch SIEWING 1980.

Nach KÄSTNER 1973, OPPENHEIMER u. PINCUSSEN 1936, WEBER 1966

Art	Zahl der Ommatidien
Wasserfloh	22
Kellerassel	30
Gelbe Rasenameise	80
Ohrwurm	270
Leuchtkäfer ♀	300
Leuchtkäfer ♂	2500
Rote Waldameise	600
Stubenfliege	3200
Honigbiene (Königin)	3900
Honigbiene (Drohne)	7500
Schmeißfliege	5400
Maikäfer	5500
Strandkrabbe	7000
Walker	12200
Libelle	28000
Rennkrabbe	30000

Tabelle 1.11.9: Verschmelzungsfrequenz im Auge verschiedener Tiere

Angaben in Bildern pro sec. Geringere Bildfrequenzen werden als Einzelbilder wahrgenommen. Der Größe nach geordnet.

Werte nach Lexikon der Biologie, SIEBECK 1977

Art	Bildfrequenz
Salamander	5
Mensch	20
Gecko	20
Käfer	20–30
Katze	27–30
Meerschweinchen	30
Frosch	48
Biene	55
Taube	148
Libellen	300

Tabelle 1.11.10: Absorptionsmaxima der Sehpigmente wirbelloser Tiere

Angegeben ist die Wellenlänge des Lichts (in nm), das maximal absorbiert wird. Werte für das Rhodopsin von Wirbeltieren siehe Tabelle 1.11.11.

Werte aus ALTMAN u. DITTMER 1973, PENZLIN 1970

Art	Absorptions-Maximum bei nm
Garnele	555, 496
Honigbiene	440
Hummer	515
Kalmar (Loligo)	493
Krake (Octopus)	475
Küchenschabe	500
Pfeilschwanzkrebs	520
Stubenfliege	510, 437
Tintenfisch (Sepia)	492

Tabelle 1.11.11: Absorptionsmaxima des Rhodopsins verschiedener Wirbeltiere

Angegeben ist diejenige Wellenlänge (in nm), bei der das Licht maximal absorbiert wird. Werte für die Sehpigmente wirbelloser Tiere siehe Tabelle 1.11.10. Über die Primärvorgänge beim Sehen siehe SIEWING 1980.

Werte aus ALTMAN u. DITTMER 1973, PENZLIN 1970

Art	Absorptionsmaximum bei nm	
	Retinal 1	Retinal 2
Aal	487	523
Affe	500	
Alligator	499	
Ente	502	
Forelle	503	527
Frosch	502	
Frosch, Kaulquappe	512	
Goldfisch		522
Hausmaus	498	
Huhn	560, 500	
Kaninchen	502	
Karpfen		523
Meerschweinchen	497	
Mensch	497, 493	
Neunauge	497	518
Pelikan	502	
Ratte	498	
Taube	544, 502	

Tabelle 1.11.12: Oberfläche des Trommelfells verschiedener Tiere

Zur Hörfähigkeit siehe Tabelle 1.11.13, für den Menschen auch Tabelle 4.6.10.
Der Größe nach geordnet.

Angaben aus MANN 1972, REIN u. SCHNEIDER 1971

Art	Trommelfellgröße in mm^2
Maus	2,7
Laubfrosch	6,2
Kreuzkröte	7,1
Igel	16,0
Grasfrosch	20,0
Seefrosch	28,0
Rhesusaffe	32,0
Katze	42,0
Hund	46,0
Mensch	55,0
Pferd	75,0
Ochsenfrosch	78,0
Rind	86,0
Gorilla	97,0

Tabelle 1.11.13: Obergrenze der Hörfähigkeit bei Tieren

Für den Menschen siehe auch Tabelle 4.6.10.

Angaben nach BERNDT u. MEISE 1959, BERTELSMANN 1979, GRZIMEK 1970, KÄSTNER 1973, MEYER 1964, NIETHAMMER 1979, PENZLIN 1970, STURKIE 1976

Art	Obergrenze in kHz	Art	Obergrenze in kHz
Aal	0,6	Haifische	2
Axolotl	0,2	Huhn	38
Brillenkaiman	6	Hund	135
Buchfink	29	Kanarienvogel	10
Delphin	200	Katze	47
Dompfaff	21	Krähe	<8
Eidechsen	8	Laubheuschrecken	90
Elritze	7	Maus	100
Ente	<8	Meerschweinchen	33
Feldheuschrecken	12	Mensch	21
Fledermaus	400	Nachtschmetterlinge	240
Goldfisch	3	Ochsenfrosch	4
Grillen	8	Pinguin	15

Fortsetzung →

Art	Obergrenze in kHz	Art	Obergrenze in kHz
Ratte	80	Uhu	8
Rotkehlchen	21	Waldkauz	21
Schimpanse	33	Waldohreule	18
Schlangen	0	Wasserschildkröte	4
Sperling	18	Wellensittich	14
Star	15	Zikaden	20
Taube	12	Zwergwels	13

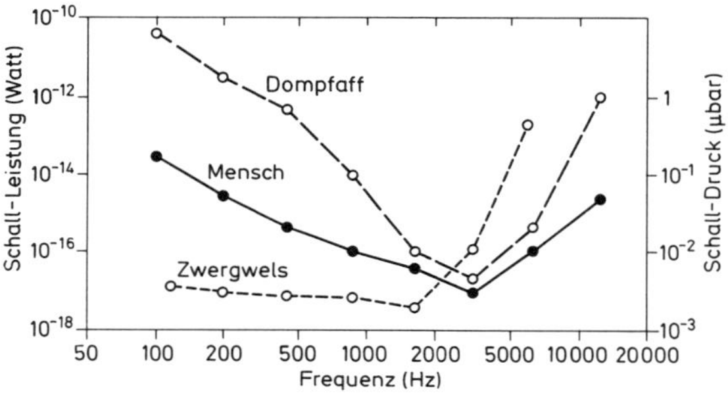

Abb. 1.11.13: Abhängigkeit der Hörschwelle von der Frequenz bei Mensch und Dompfaff (Hörschwellenangaben in Watt) und Zwergwels (Schwellenangaben in μbar). Vergleiche auch Tabelle 1.11.13 und für den Menschen Abb. 4.6.11.
Aus Penzlin 1980, S. 381.

Tabelle 1.11.14: Hörschärfe von Tieren

Angegeben ist der kleinste Winkel, unter dem zwei Schallquellen noch getrennt wahrgenommen werden.
Zum Vergleich: unter einem Winkel von 1° sind auf 10 m Entfernung zwei Schallquellen 17,5 cm voneinander entfernt.

Nach Buddenbrock 1956

Art	Hörschärfewinkel
Dompfaff	20–25°
Huhn	4°
Hund	2,5°
Katze	1,5°
Mensch	8,4°

Tabelle 1.11.15: Zahl der Geschmacksknospen einiger Wirbeltiere

Aus STURKIE 1976, verändert

Art	Zahl der Geschmacksknospen
Dompfaff	46
Ente	200
Fledermaus	800
Huhn	24
Kaninchen	17000
Katze	473
Katzenhai	100000
Mensch	9000
Papagei	350
Rind	25000
Schlangen	0
Schwein	15000
Star	200
Taube	37
Ziege	15000

Tabelle 1.11.16: Größe der Riechschleimhaut der Nase

Werte nach STARCK 1975

Art	Fläche in cm^2	Zahl der Rezeptoren
Hund	85	$2{,}3 \times 10^8$
Kaninchen	9,3	1×10^8
Katze	20,8	
Mensch	2,5–5	3×10^7
Reh	90	3×10^8

Tabelle 1.11.17: Vibrationsschwelle bei optimaler Frequenz

Die Vibrationsschwelle bezeichnet den Ausschlag, der gerade noch als Schwingung wahrgenommen wird. Er ist bei unterschiedlichen Frequenzen verschieden, daher ist die optimale Frequenz mit angegeben.
Der Größe nach geordnet.

Werte aus Heidermanns 1957, Kästner 1972

Art	optimale Frequenz in kHz	Vibrationsschwelle in nm
Küchenschabe	1,4	0,004
Warzenbeißer (Decticus)	2	0,0366
Feldgrille	1,5	0,1
Maikäfer	1,8	0,1
Tagpfauenauge	2	0,68
Biene	2,5	13
Ohrwurm	1,2	19
Aaskäfer	1	40,5
Vögel	0,8	100
Mensch	0,2	1000
Kotwanze (Reduvius)	0,25	1000
Schwebfliege	0,2	6590
Schmeißfliege (Calliphora)	0,3	17400

Teil 2: Botanik

Deutsche Namen einheimischer Pflanzen nach SCHMEIL u. FITSCHEN 1968.
Für Pilze und Bakterien siehe auch den Teil 4, Mikrobiologie.

2.1 Allgemeine Werte: Maße, Alter usw.

Tabelle 2.1.1: Artenzahlen von Pflanzengruppen

Insgesamt sind bisher über 400000 Arten beschrieben worden. Genauere Werte für Samenpflanzen siehe Tabelle 2.1.2.

Angaben nach HEYWOOD 1978, KRAUS u. KUBITZKI 1982, STRASBURGER 1983

Prokaryota (Bakterien, Blaugrüne Algen)		3600
Eukaryotische Algen		33000
davon:	Grünalgen	7000
	Kiesalgen	6000
	Rotalgen	4000
	Braunalgen	1500
Pilze, inkl. Schleimpilze		90000
davon:	Schlauchpilze	30000
	Ständerpilze	30000
Moose		26000
Flechten		20000
Farnartige		15000
davon:	Bärlappgewächse	400
	Schachtelhalmgewächse	32
Samenpflanzen		236000
davon:	Nacktsamer	800
	Bedecktsamer	235000

Tabelle 2.1.2: Artenzahlen innerhalb der einzelnen Gruppen der Samenpflanzen

Werte aus HEYWOOD 1978

I. Dicotyledoneae (= Magnoliatae)		177000
1. Magnoliidae		13200
darunter	Ranunculales	2800
	Piperales	3000
2. Hamamelididae		1396
darunter	Fagales	1200
3. Caryophylliidae		11000
darunter	Caryophyllales	9700
	Polygonales	750
4. Dilleniidae		29600
darunter	Malvales	2700
	Urticales	6000

Fortsetzung →

Violales	5250
Ericales	3570
Primulales	2000
5. Rosidae	57700
darunter Rosales	7100
Fabales	17000
Euphorbiales	5100
Geraniales	2900
Umbellales	3700
6. Asteridae	64000
darunter Gentianales	5600
Scrophulariales	8800
Campanulales	2200
Asterales	25000
II. Monocotyledoneae (= Liliatae)	52800
1. Alismatidae	562
2. Commelinidae	19700
darunter Poales	9000
Cyperales	4000
Bromeliales	2000
3. Arecidae	5700
4. Liliidae	26800
darunter Liliales	8700
Orchidales	18100

Tabelle 2.1.3: Maximales Alter verschiedener Pflanzen

In der Forstwirtschaft werden die Bäume vor ihrem Maximalalter geschlagen. Diese sog. Umtriebszeit findet sich in Tabelle 2.1.4.
Pflanzen dem Alter nach geordnet.

Nach Bertelsmann 1979, Czihak et coll. 1976, Meyer 1964, Spector 1956

Art	Alter	Art	Alter
Bärlapp	7 Jahre	Silberwurz	100 Jahre
Eichenfarn	7 Jahre	Haselnuß	120 Jahre
Moos (Widertonmoos)	10 Jahre	Birke	120 Jahre
Heidelbeere	25 Jahre	Weinstock	130 Jahre
Mondraute (Farn)	30 Jahre	Hainbuche	150 Jahre
Heidekraut	42 Jahre	Salweide	150 Jahre
Alpenveilchen	60 Jahre	Zitterpappel	150 Jahre
Eberesche	80 Jahre	Apfelbaum	200 Jahre

Art	Alter	Art	Alter
Bergahorn	200 Jahre	Edelkastanie	700 Jahre
Birnbaum	300 Jahre	Rotbuche	900 Jahre
Kirsche	400 Jahre	Fichte	1100 Jahre
Hundsrose	400 Jahre	Arve	1200 Jahre
Walnuß	400 Jahre	Zeder	1300 Jahre
Efeu	440 Jahre	Platane	1300 Jahre
Wacholder	500 Jahre	Eiche	1300 Jahre
Kiefer	500 Jahre	Eibe	1800 Jahre
Tanne	500 Jahre	Linde	1900 Jahre
Ulme	500 Jahre	Feige (Ficus religiosa)	2000 Jahre
Lärche	600 Jahre	Zypresse	2000 Jahre
Spitzahorn	600 Jahre	Mammutbaum	4000 Jahre
Ölbaum	700 Jahre	Borstenkiefer	4600 Jahre

Tabelle 2.1.4: Umtriebszeiten wichtiger Forstbäume

Als Umtriebszeit bezeichnet man das durchschnittliche Alter der Bäume in der Forstwirtschaft.
Vergl. dazu auch das maximale Alter von Pflanzen in Tabelle 2.1.3.

Aus Schutzgemeinschaft Deutscher Wald 1967, verändert

Art	Umtriebszeit in Jahren
Bergahorn	120–140
Birke	60– 80
Douglasie	60–100
Eiche	180–300
Esche	100–140
Fichte	80–120
Kiefer	100–120
Lärche	100–140
Rotbuche	120–140
Schwarzerle	60– 80
Schwarzpappel	30– 50
Spitzahorn	120–140
Tanne	90–130
Ulme	120–140
Weißbuche	60–100

Tabelle 2.1.5: Lebensdauer von Blättern und Nadeln immergrüner Gewächse

Dem Alter nach geordnet.

Werte aus BERTELSMANN 1979, MEYER 1964, MOLISCH 1965

Art	Lebens-dauer	Art	Lebens-dauer
Kirschlorbeer	1–3 Jahre	Zirbelkiefer	3–6 Jahre
Efeu	1–3 Jahre	Wacholder	4–5 Jahre
Oleander	1–3 Jahre	Lorbeer	4–6 Jahre
Liguster	1–3 Jahre	Fichte	4–6 Jahre
Preißelbeere	2 Jahre	Tanne	5–7 Jahre
Ölbaum	2 Jahre	Eibe	6–8 Jahre
Kiefer	2–3 Jahre	Bergkiefer	7,5 Jahre
Stechpalme	2–4 Jahre	Zimmertanne	15 Jahre
Mammutbaum	2–4 Jahre	Welwitchia	100 Jahre

Tabelle 2.1.6: Wurzeltiefe von Pflanzen

Der Größe nach geordnet.

Nach BERTELMSANN 1979, HAGER 1960, MEYER 1964

Art	Wurzeltiefe	Art	Wurzeltiefe
Löwenzahn	0,30 m	Erbse	2,10 m
Nieswurz	0,35 m	Weiße Lupine	2,10 m
Zypressenwolfsmilch	0,50 m	Rotklee	2,10 m
Schwalbenwurz	0,60 m	Gerste	2,60 m
Ackerwinde	1,00 m	Hafer	2,60 m
Färberginster	1,00 m	Winter-Weizen	2,80 m
Silberdistel	1,00 m	Winter-Raps	2,90 m
Glockenblume	1,20 m	Waldbäume	5–10 m
Pferdebohne	1,70 m	Weinstock	12–16 m
Sommer-Weizen	1,90 m	Wüstenpflanzen	10–20 m
Roggen	2,00 m		

Tabelle 2.1.7: Blattflächen von Pflanzen

Werte aus SPECTOR 1956

Art	Blattfläche eines Blattes in cm^2	Zahl der Blätter pro Pflanze	Blattfläche pro Pflanze in cm^2
Apfelbaum	18	20000	318000
Banane (Musa acuminata)	bis 10000		
Banane (Musa paradisiaca)	2700– 5200		
Bohne	49		
Buche	22	35000–200000	4460000
Gurke	29–33		180– 1100
Kartoffel			17800
Liriodendron	130		
Mais	600– 1320		7900
Oleander	11		
Sonnenblume	38	59	2260
Victoria regia	20000		
Wein	125–150		
Weizen	13–15	5	46–65
Zitrone	20–33		

Tabelle 2.1.8: Durchmesser von Blüten einiger Pflanzen

Der Größe nach geordnet.

Angaben nach KERNER v. MARILAUN 1898, MEYER 1964, PERREY 1972, ergänzt nach verschiedenen Bestimmungsbüchern

Art	Blütendurchmesser in mm
Hungerblümchen	2,5
Vogelknöterich	3
Maiglöckchen	9
Flieder	12
Alpenveilchen	15
Sonnenröschen	8– 18
Leberblümchen	15– 30
Scharfer Hahnenfuß	25
Buschwindröschen	30
Kuckuckslichtnelke	30
Kokospalme (♀)	35
Heckenrose	40
Sumpfdotterblume	45

Fortsetzung →

Art	Blütendurchmesser in mm
Glockenblume	50
Zaunwinde	30– 60
Iris	50– 70
Mohn	70
Hibiscus	70
Passionsblume (Passiflora caerulea)	70– 100
Kürbis	100– 120
Seerose	120
Schlafmohn	160– 180
Kaktus (Cereus grandiflorus)	200– 220
Magnolie (Magnolia grandiflora)	200– 250
Lotos	250
Stechapfel (Datura suaveolens)	250
Victoria regia	300– 400
Rafflesia arnoldii (größte Blüte)	1000 (!)

Tabelle 2.1.9: Spezifisches Gewicht von Hölzern

Die Werte beziehen sich auf lufttrockenes Holz.
Holz besteht aus 40–50 % Zellulose, 20–30 % Hemizellulose, Pektin und Zuckern und 20–30 % Lignin.
Pflanzen dem steigenden spez. Gewicht nach geordnet.

Nach Franke 1976, Meyer 1964

Art	spezifisches Gewicht in g/cm³	Art	spezifisches Gewicht in g/cm³
Balsaholz (leichtestes Holz)	0,18	Lärche	0,55
Weymouthskiefer	0,39	Mahagoni	0,55
Weißtanne	0,41	Roßkastanie	0,57
Mammutbaum	0,42	Platane	0,63
Douglastanne	0,44	Eberesche	0,64
Zirbelkiefer	0,44	Teak	0,64
Silberpappel	0,45	Birke	0,65
Fichte	0,45	Kirschbaum	0,66
Kiefer	0,49	Eßkastanie	0,66
Sommerlinde	0,49	Schwarzkiefer	0,67
Zitterpappel	0,51	Bergahorn	0,67
Bergkiefer	0,51	Walnuß	0,68
Winterlinde	0,52	Ulme	0,69
Schwarzerle	0,53	Robinie	0,70

Art	spezifisches Gewicht in g/cm³	Art	spezifisches Gewicht in g/cm³
Birnbaum	0,72	Palisander	0,82
Makoré	0,72	Eibe	0,84
Rotbuche	0,74	Eiche	0,86
Spitzahorn	0,74	Buchsbaum	1,0
Pflaumenbaum	0,75	Eisenholzbaum	1,04
Esche	0,75	Ebenholz	1,10
Hainbuche	0,77	Pockholz (schwerstes Holz)	1,23
Hickory	0,80		

Tabelle 2.1.10: Wassergehalt pflanzlicher Organe

Angaben in % des Frischgewichts. Siehe auch Tabelle 5.2.

Werte aus STEWARD 1959, STRASBURGER 1983

Pflanzenart und Organ	Wassergehalt in %
Wurzeln	
Gerste, Spitzenregion	93,0
Karotte	88,2
Kiefer (P. taeda), Mykorrhiza-Wurzeln	74,2
Kiefer (P. taeda), Spitzenregion	90,2
Sonnenblume	71,0
Sprosse	
Kiefer (P. echinata), Holz	50–60
Sonnenblume, Gesamtsproß	87,5
Spargel, eßbare Spitzen	88,3
Blätter	
Kohl	86,0
Mais	77,0
Salat, innere Blätter	94,8
Sonnenblume	81,0
Früchte	
Apfel	84,0
Erdbeere	89,1
Tomate	94,1
Wassermelone	92,1
Samen	
Erdnuß	5,2
Gerste	10,2
Körnermais, trocken	11,0
Süßmais	84,8

2.2 Zelluläre Werte

Tabelle 2.2.1: Größe einiger Pflanzenfasern

Nach SPECTOR 1956

Faserart	Faserlänge in cm	Faserdurchmesser in µm	Reißfestigkeit in kg/mm²
Ägyptische Baumwolle	3,6	16,4	44
Flachs	15– 92	15	76
Hanf	92–183	18–23	84
Jute	150–360	15,5	41
Kokospalme	21	18	
Manilahanf	150–350	14–35	40,7
Ramie	20– 30	25,5	91–99
Sisal	45– 90	10–30	40
zum Vergleich:			
Seide	bis 200 000 (=2 km!)	5–21	45,5
Wolle	3,75	25	17,2

Tabelle 2.2.2: Gefäßdurchmesser in Hölzern

Zwischen Früh- und Spätholz der einzelnen Arten ergeben sich z.T. erhebliche Unterschiede. Zur Wasserleitung in Pflanzen siehe auch Tabelle 2.6.11 und STRASBURGER 1983.

Art	Gefäßdurchmesser in µm
Tracheen	
Ahorn	30–110
Birke	30–130
Birnbaum	40– 80
Eiche	200–300
Erle	20– 90
Esche	120–350
Eßkastanie	300–350
Hainbuche	16– 80
Lianen (z.B. Waldrebe)	bis 700 (!)
Linde	25– 90
Robinie	160–400
Roßkastanie	30– 60
Rotbuche	16– 80

Art	Gefäßdurchmesser in µm
Ulme	130–140
Walnuß	120–160
Weide	80–120
Tracheiden	
Nadelhölzer	20– 40

Tabelle 2.2.3: Zahl der Spaltöffnungen auf Blättern einiger Pflanzen

Angaben jeweils pro mm^2 Blattfläche.
Die Zahl der Spaltöffnungen kann je nach Umweltbedingungen stark variieren. So weisen Sonnen- und Schattenblätter unterschiedliche Werte auf. Zum Bau und zur Funktion von Spaltöffnungen siehe STRASBURGER 1983.

Nach GREULICH u. ADAMS 1962, HELLER 1969, OPPENHEIMER u. PINCUSSEN 1929

Art	Oberseite	Unterseite
Apfelbaum	0	290
Berberitze	0	229
Bingelkraut	0	65
Bohne	40	280
Buschwindröschen	0	67
Erbse	100	200
Fetthenne	35	70
Flieder	0	330
Gelbstern	27	27
Geranie	170	140
Hafer	25	23
Helm-Knabenkraut	0	29
Iris	65	58
Kartoffel	50	160
Kirsche	0	250
Kohl	140	230
Leberblümchen	15	74
Lilie	0	330
Luzerne	170	140
Mais	52	68
Mistel	71	75
Nachtschatten, Bittersüßer	60	263
Ölbaum	0	545
Pappel	20	115
Pfirsich	0	225

Fortsetzung →

Art	Oberseite	Unterseite
Sauerklee	0	35
Schneeglöckchen	30	45
Seerose	490	0
Sonnenblume	175	325
Sonnenröschen	61	194
Stechpalme	0	170
Stieleiche	0	450
Stranddistel	118	108
Sumpfdotterblume	78	78
Tomate	12	130
Tradescantie	7	28
Wasserpest	0	0
Weide, Stumpfblättrige	78	134
Weizen	33	14
Weymouthskiefer	140	0
Zypressenwolfsmilch	0	259

Tabelle 2.2.4: Länge des Spaltes von Spaltöffnungen einiger Pflanzen

Werte aus Oppenheimer u. Pincussen 1928, Steward 1965

Art	Länge des Spalts in µm
Bergwohlverleih	21
Buchweizen	12
Buschwindröschen	38
Eiche (Qu. falcata)	5
Erdbeere	10
Feuerbohne	7
Feuerkraut	9
Giersch	15
Glockenblume	19
Glockenheide	3
Greiskraut	21
Habichtskraut	12
Hafer	38
Kaktus (Cereus)	26
Mais	19
Pelargonie	19
Pfeifengras	10
Primel	30
Sauerklee	13

Art	Länge des Spalts in µm
Sonnenblume	22
Sumpfdotterblume	28
Veilchen	19
Weizen	38
Wollgras	15

Tabelle 2.2.5: Größe von Chloroplasten einiger Pflanzen

Angegeben ist jeweils der größte Durchmesser.

Werte aus Oppenheimer u. Pincussen 1929

Art	Größe in µm
Ahorn	6
Alge (Vaucheria)	5
Aronstab	5– 7
Eibe	3– 5
Erdbeere	4– 5
Erle	5
Gänseblümchen	5
Ginkgo	3– 5
Haselwurz	4– 5
Hirtentäschelkraut	3– 4
Kapuzinerkresse	5
Kiefer	5
Kürbis	5
Löwenzahn	5– 6
Maiglöckchen	5
Moos (Mnium)	5– 6
Runkelrübe	7–10
Seerose	4– 5
Sternmiere	7–10
Tabak	3– 5
Torfmoos	3– 4
Tradescantie	3– 5
Tulpe	5
Walnuß	5
Wasserpest	4– 6
Wurmfarn	5

Tabelle 2.2.6: Größe von Stärkekörnern einiger Nutzpflanzen

Nach KAUSSMANN 1963, ROHRLICH u. BRÜCKNER 1967

Art	Größe in μm
Gartenbohne	bis 60
Gerste	20– 40
Kartoffel	70–100
Linse	bis 40
Mais	10– 35
Reis	2– 10
Roggen	30– 60
Weizen	30– 45

Tabelle 2.2.7: Größe von Pollenkörnern einiger Pflanzenarten

Nach KERNER v. MARILAUN 1898, MEYER 1964, NILSSON 1977, OPPENHEIMER u. PINCUSSEN 1929

Art	Größe in μm
Ahorn	26–31 × 28– 36
Alpenveilchen	22
Birke	19–23 × 21– 27
Brennessel	13–17 × 15– 20
Buche	40–50 × 45– 54
Efeu	23–28 × 26– 31
Eiche	23– 30
Erle	18–21 × 23– 30
Esche	20–22 × 25– 29
Flieder	24– 34
Fuchsschwanz (Gras)	36
Gerste	40– 48
Hafer	48– 54
Hainbuche	30–34 × 36– 40
Hasel	20–25 × 25– 28
Hopfen	28
Kiefer	65– 80
Mittlerer Klee	43
Knäuelgras	30– 38
Kürbis	190–240
Linde	25–28 × 35– 38
Mais	76–100
Melone	200–240
Natternkopf	10– 14

Art	Größe in µm
Roggen	47– 65
Roßkastanie	22–24 × 19– 22
Schafgarbe	35
Schilf	24– 30
Schwarzpappel	25
Seerose	38
Sonnenblume	39
Tabak	31
Tanne	90–110
Ulme	27–33 × 29– 36
Veilchen	62– 71
Vergißmeinnicht	2,5– 3,4
Weide	19–21 × 20– 23
Weizen	45– 60
Wiesenkerbel	25–28 × 13– 16
Wurmfarn	28–34 × 50– 58
Zaunwinde	76– 84
Zitterpappel	28– 34

Tabelle 2.2.8: Größe von Sporen einiger bekannter Pilzarten

Angaben nach MAUCH u. LAUBER 1975

Art	Länge in µm	Breite in µm
Basidiomyceten		
Austernseitling	8,0–12,0	3,0– 4,0
Fliegenpilz	9,0–11,0	6,0– 9,0
Goldröhrling	8,0–11,0	3,0– 4,0
Habichtspilz	6,0– 7,0	5,0– 6,0
Hallimasch	7,0– 9,0	5,0– 6,0
Hausschwamm	8,5–11,0	4,5– 6,0
Kartoffelbovist	8,0–12,0	kugelig
Knollenblätterpilz, Grüner	8,0–11,0	kugelig
Koralle, Goldgelbe	8,0–15,0	3,0– 6,0
Maronenröhrling	11,0–17,0	4,5– 6,0
Pantherpilz	10,0–12,0	7,0– 8,0
Parasol	15,0–20,0	10,0–13,0
Pfeffermilchling	8,0– 9,5	5,5– 7,0
Pfifferling	7,0– 9,0	4,0– 5,0
Riesenrötling	8,0–10,0	7,0– 8,5
Rißpilz, Ziegelroter	9,0–14,0	5,0– 8,0

Fortsetzung →

Art	Länge in µm	Breite in µm
Rotkappe	13,0–17,0	4,0– 5,0
Schopftintling	12,0–16,0	7,0– 8,0
Schwefelkopf	6,0– 8,0	4,0
Speisetäubling	6,0– 8,0	5,0– 6,0
Steinpilz	13,0–17,0	3,5– 6,0
Stinkmorchel	3,5– 5,0	1,5– 2,0
Stockschwämmchen	6,0– 7,0	3,0– 4,5
Trichterling, Nebelgrauer	6,0– 7,0	3,0– 4,0
Wiesenchampignon	7,0– 8,0	4,0– 5,0
Zunderporling	15,0–20,0	5,0– 7,0
Ascomyceten		
Giftmorchel	17,0–25,0	8,0–12,0
Mutterkorn	100,0	1,0
Spitzmorchel	18,0–24,0	10,0–14,0

Tabelle 2.2.9: Chromosomensätze von Pflanzen

Angegeben ist jeweils der diploide Satz. Siehe dazu auch für Tiere Tabelle 1.9.3.

Nach Bresch und Hausmann 1972, Götz u. Konrad 1977, Hess, Landolt u. Hirzel 1967, Nagl 1976, Nigon u. Lueken 1976, Starck 1975

Art	Chromosomenzahl	Art	Chromosomenzahl
Adlerfarn	104	Eibe	24
Alge (Cladophora)	32	Enzian, Frühlings-	28
Alpenveilchen	48, 84	Erbse	14
Apfel	34, 51, 68	Erdbeere, Garten-	14, 28, 42, 56
Augentierchen (Euglena)	ca. 200	Erdbeere, Wald-	14
Bärlapp (Tannenbärlapp)	68	Erle	28
Baldrian	18	Esche	46
Banane	22, 33, 44	Feldahorn	26, 78
Bienenragwurz	36	Fichte	24
Birke	84	Flieder	46–48
Birne	34, 51, 68, 85	Frauenschuh	20
Champignon	8	Gartenbohne	22
Christrose	32	Gerste	14
		Ginkgo	24
		Glockenblume	34
		Glockenheide	24

Art	Chromosomenzahl
Gurke	14
Hafer	42
Hederich	18
Heidekraut	16
Heidelbeere	24
Herbstzeitlose	38
Hirtentäschelkraut	16, 32
Huflattich	60
Kamille	18
Karotte	18
Karthäusernelke	30
Kartoffel	48
Kiefer	24
Kirsche, Sauer-	32
Kirsche, Süß-	16, 24, 32, 64, 144
Klatschmohn	14
Klette	36
Kokosnuß	32
Kornblume	24
Küchenschelle	32
Kümmel	20
Kürbis	40
Labkraut, Wiesen-	22
Lärche	24
Liguster	46
Löwenzahn	24
Mais	20
Mandel	16
Margerite	36
Mistel	20
Moosfarn (Selaginella)	18
Natternzunge	480
Nieswurz	32
Pappel	38
Petersilie	23
Pfaffenhütchen	64
Pfefferminze	68, 72
Pfirsich	16
Pflaume	48
Primel	22
Raps	38
Roßkastanie	40
Rotbuche	24
Sauerampfer ♀	14
♂	15
Schachtelhalme	216
Schafgarbe	36, 54
Schlafmohn	22
Schneeglöckchen	24
Seegras	12
Segge, Behaarte	112
Senf	24
Sonnenblume	34
Sonnentau	20
Spargel	20
Spinat	12
Stechginster	96
Stiefmütterchen	26
Stieleiche	24
Sumpfdotterblume	32, 48, 56
Tabak	48
Tanne	24
Tomate	24
Veilchen	20
Venusfliegenfalle	30
Vergißmeinnicht	22
Vogelbeere	34
Wacholder	22
Wasserpest	24
Weide	38
Wein	38, 57, 76
Weizen	
Einkorn	14
Hartweizen, Emmer	28
Saatweizen, Dinkel o. Spelz	42
Wiesenklee	14
Wiesensalbei	18
Winterlinde	72
Wurmfarn	164
Zaunwicke	14
Zwiebel	16
Zypressenwolfsmilch	20

2.3 Keimung und Wachstum

Tabelle 2.3.1: Keimdauer und optimale Keimtemperatur der Samen einiger Pflanzen

Dort, wo bei der Keimtemperatur eine Spanne angegeben ist, bedeutet das, daß von den Pflanzen ein täglicher Wechsel (16 Stunden hohe und 8 Stunden niedrige Temperatur) bevorzugt wird. Zur Keimgeschwindigkeit siehe Tabelle 2.3.2.

Werte nach ALTMAN u. DITTMER 1972

	Keimdauer in Tagen	Keimtemperatur in °C
Bartnelke	8	20
Blumenkohl	3–10	20–30
Erbse	5– 8	20
Gerste	4– 7	15
Hafer	5–10	15
Hanf	3– 7	20–30
Kapuzinerkresse	14	18
Karotte	6–21	20–30
Kornblume	4– 8	15
Kürbis	4– 7	20–30
Linse	7–12	20
Löwenzahn	7–21	20–30
Lupine	4–10	20
Mais	4– 7	25
Petersilie	11–28	20–30
Pferdebohne	4–14	20
Rettich	4– 6	20
Rittersporn	10–21	15
Roggen	4– 7	15
Rote Rübe	3–10	20–30
Salat	7	20
Sonnenblume	3– 7	20–30
Spargel	7–21	20–30
Spinat	7–21	10
Tabak	7–14	20–30
Tomate	5–14	20–30
Veilchen	12	20–30
Vergißmeinnicht	5–12	20
Weizen	4– 7	15
Wiesensalbei	4–12	20–30
Zwiebel	6–10	20

Tabelle 2.3.2: Keimungsgeschwindigkeit von Samen einiger Nutzpflanzen

Angegeben ist die Zeit in Stunden, nach der die Keimwurzeln sichtbar werden. Da sie sehr stark von der Temperatur abhängig ist, sind die Werte für 10, 15 und 25 °C angegeben.

Nach MEYER 1964

	10°	15°	25°
Erbse	72	42	–
Gerste	72	48	72
Gurke	–	–	96
Hafer	90	66	48
Kürbis	–	258	52
Luzerne	90	66	48
Mais	272	78	56
Möhre	162	102	56
Mohn	114	60	48
Raps	48	24	24
Roggen	54	30	32
Rotklee	72	42	24
Sonnenblume	600	72	32
Weizen	84	48	33

Tabelle 2.3.3: Vernalisations-Temperaturen und -Dauer einiger Pflanzen

Unter Vernalisation versteht man das befristete Einwirken niedriger Temperaturen auf Samen oder Pflanzen zur Auslösung der Blütenbildung. Bei vielen Nutzpflanzen bestehen zwischen den einzelnen Varietäten große Unterschiede.

Werte nach verschiedenen Autoren aus ALTMAN u. DITTMER 1973

Art und Pflanzenteil	Dauer in Tagen	Opt. Temperatur in °C
Bartnelke, Pflanzen	42–63	5
Beta, Pflanzen	30–50	0 – 2
Beta, Samen	80	0 – 5
Blumenkohl, Pflanzen	14	5
Bohne, Samen	30–35	2
Dactylis glomerata, Pflanzen	30–90	0 – 2
Endivie, Samen	28	1 – 2,5
Erbse, Samen	20–30	2 – 7
Festuca elatior, Pflanzen	30–90	0 – 2
Hafer, Samen	30–45	0 – 2
Inkarnatklee, Samen	40	0

Fortsetzung →

Art und Pflanzenteil	Dauer in Tagen	Opt. Temperatur in °C
Karotte, Pflanzen	40–65	4
Kohlrabi, Pflanzen	60–90	5
Linse, Samen	10–12	6 –10
Lolium perenne, Samen	0–90	0 – 5
Lupine, Samen	14–21	2 – 5
Mais, Samen	34	3
Nachtkerze, Samen	30	4
Rettich, Samen	10–46	0 – 5
Salat, Samen	10–20	2 – 5
Schlafmohn, Samen	35	2 – 3
Sellerie, Pflanzen	15–30	4,5–10
Sommergerste, Samen	0–15	6 – 8
Sommerroggen, Samen	0–14	0 – 5
Sommerweizen, Samen	0–14	0 – 8
Sonnenblume, Samen	35	2
Spinat, Samen	10–15	2 – 8
Trifolium pratense, Samen	10–40	3 – 8
Weißer Senf, Samen	10–30	0 – 3
Weißkohl, Samen	28	0
Wintergerste, Samen	20–40	0 – 3
Winterroggen, Samen	30–50	0 – 5
Winterweizen, Samen	40–70	0 – 3

Tabelle 2.3.4: Wachstumsgeschwindigkeit pflanzlicher Organe unter optimalen Bedingungen

Das Wachstum der Pflanzen ist stark temperaturabhängig, siehe dazu Tabelle 2.3.11. Die meisten Pflanzen wachsen mit einer Geschwindigkeit von weniger als 0,005 mm/Min.

Angaben aus MEYER 1964, OPPENHEIMER u. PINCUSSEN 1929

Pflanzenart und Organ	Wachstumsgeschwindigkeit
Banane, Blattscheide	1,1 mm/Min = 160 cm/Tag
Bambus, Sprosse	0,4 mm/Min = 57 cm/Tag
Erbse, Wurzel	0,02 mm/Min = 2,88 cm/Tag
Hafer, Koleoptile	0,025 mm/Min = 3,7 cm/Tag
Hanf, Sprosse	0,05 mm/Min = 7,2 cm/Tag
Herbstzeitlose, Pollenschläuche	0,015 mm/Min = 2,16 cm/Tag
Kürbis, Sprosse	0,1 mm/Min = 14,4 cm/Tag
Roggen, Staubfäden (Max. Streckungszeit 10 Min)	2,5 mm/Min

Pflanzenart und Organ	Wachstumsgeschwindigkeit
Saubohne, Keimwurzel	0,012 mm/Min = 1,7 cm/Tag
Schimmel (Mucor), Hyphen	0,026 mm/Min = 3,74 cm/Tag
Schleierpilz (Dictyophora), Fruchtkörper (Max. Streckungszeit 15 Min)	5 mm/Min
Spargel, Sprosse	0,08 mm/Min = 11,1 cm/Tag
Tintling, Fruchtkörperstiel	0,22 mm/Min = 31,4 cm/Tag
Zaunrübe, Sprosse	0,056 mm/Min = 8 cm/Tag

Tabelle 2.3.5: Jährlicher Höhenzuwachs einiger wichtiger Forstbäume unter optimalen Bedingungen im Laufe des Lebens

Maximalgrößen siehe Tabelle 2.3.6, das Höchstalter Tabelle 2.1.3 und die Umtriebszeit Tabelle 2.1.4.

Nach BERTELSMANN 1979, MEYER 1964

	1–20	21–40	41–60	61–80	81–100	101–120	Jahre
Tanne	12,5	54,0	48,0	27,5	20,5	11,0	cm
Fichte	30,5	48,0	38,0	25,0	16,0	11,5	cm
Kiefer	44,5	40,0	27,0	19,0	19,0	11,5	cm
Buche	27,5	40,0	34,0	27,0	14,0	13,5	cm
Eiche	46,5	45,0	19,5	19,5	17,0	10,5	cm

Tabelle 2.3.6: Höhe einiger Bäume

Werte für Stammumfänge siehe Tabelle 2.3.8, für den Stammdurchmesser Tabelle 2.3.7 und für den Schlankheitsgrad Tabelle 2.3.9.

Angaben nach BERTELSMANN 1979, HOFMEISTER 1977, MEYER 1964

Art	Normalhöhe in m	Maximalhöhe in m
Baumfarne	10	22
Bergahorn	15– 30	40
Douglasie	10– 25	25
Esche	20– 40	50
Feldahorn	10– 15	22
Fichte	30– 50	60
Hainbuche	5– 25	28
Kiefer	20– 40	48

Fortsetzung →

Art	Normalhöhe in m	Maximalhöhe in m
Kokospalme	25– 30	32
Lärche	30– 40	53
Mammutbaum	100	132
Rieseneukalyptus	100–110	152
Robinie	10– 25	25
Rotbuche	15– 40	44
Schwarzerle	10– 25	30
Schwarzpappel	15– 30	35
Sommerlinde	15– 30	35
Stieleiche	20– 40	50
Weißtanne	30– 50	75
Zeder	25– 30	40
Zypresse	20– 50	52

Tabelle 2.3.7: Maximaler Stammdurchmesser einiger Baumarten

Der Größe nach geordnet.
Die maximale Höhe von Bäumen siehe Tabelle 2.3.6, maximale Stammumfänge in Tabelle 2.3.8 und den Schlankheitsgrad in Tabelle 2.3.9.

Werte nach BERTELSMANN 1979, MEYER 1964

Art	Max. Stammdurchmesser in m
Feldahorn	0,7
Birke	0,8
Wacholder	0,9
Hainbuche	1,0
Kiefer	1,0
Lärche	1,6
Esche	1,7
Fichte	2,0
Rotbuche	2,0
Tanne	3,0
Spitzahorn	3,0
Ulme	3,0
Eibe	4,9
Sommerlinde	9,0
Mammutbaum	11,0
Affenbrotbaum	15,0

Tabelle 2.3.8: Rekordwerte von Stammumfängen einiger Bäume

Es handelt sich um Einzelwerte von Bäumen, deren Standort bekannt ist und mit angegeben wird. Der Größe nach geordnet.
Maximale Wuchshöhen von Bäumen siehe Tabelle 2.3.6, maximale Stammdurchmesser in Tabelle 2.3.7 und den Schlankheitsgrad in Tabelle 2.3.9.

Nach MEYER 1964

Art	Umfang	Standort
Efeu	1,8 m	Gignac/Frankreich
Feldulme	12,45 m	Schimsheim/D
Eiche	13,0 m	Newland/England
Linde	17,0 m	Staffelstein/D
Eibe	18,0 m	Braburn/England
Edelkastanie	20,0 m	Italien
Sumpfzypresse	31,0 m	Santa Maria el Tule/Mexiko
Mammutbaum	35,0 m	Mariposa/USA
Platane	47,0 m	Böjuk-Dere/Türkei
Affenbrotbaum	47,0 m	Tanganjika/Afrika

Tabelle 2.3.9: Schlankheitsgrad und Wuchshöhe einiger Pflanzen

Der Schlankheitsgrad ist der Quotient aus der Wuchshöhe der Pflanze und deren Durchmesser an der Basis. Zum Vergleich mit Bauwerken: der Stuttgarter Fernsehturm hat bei einer Höhe von 211 m einen Schlankheitsgrad von 19.
Der Schlankheitsgrad ist nur bei Pflanzen gleicher absoluter Größe unmittelbar vergleichbar, da bei größeren Pflanzen die Biegefestigkeit bei gleichem Schlankheitsgrad abnimmt.
Werte für die Höhe von Bäumen finden sich in Tabelle 2.3.6.
Die Arten sind nach steigendem Schlankheitsgrad geordnet.

Werte nach HAGER 1960, HEYNERT 1976, NACHTIGALL 1977 und 1979

Art	Wuchshöhe	Schlankheitsgrad max.
Affenbrotbaum	20 m	2,5
Riesenmammutbaum	135 m	11
Immergrüner Mammutbaum	100 m	15
Zeder	40 m	20
Eukalyptus	128 m	28
Tanne	70 m	42
Fichte	60 m	60
Palmen	30 m	60
Sonnenblume	4 m	100
Bambus	40 m	133
Zuckerrohr	6 m	200
Roggen	1,5 m	500

Tabelle 2.3.10: Länge der Ausläufer einiger Pflanzen im Laufe eines Jahres

Der Länge nach geordnet.

Werte nach KERNER V. MARILAUN 1898

Art	Länge in cm
Fetthennen-Steinbrech	4
Gelbes Windröschen	5– 10
Dost	5– 10
Melisse	5– 10
Schafgarbe	10– 15
Ackerschachtelhalm	10– 15
Wohlriechendes Veilchen	13
Drüsen-Zahnwurz	15– 20
Sand-Segge	15– 20
Grüne Minze	15– 20
Kriechender Günsel	20
Waldmeister	20– 25
Pfefferminze	20– 25
Färberröte	20– 25
Bingelkraut	25– 30
Quecke	25– 30
Giersch	25– 30
Sprossender Bärlapp	30– 40
Ackerwinde	30– 55
Gemeines Seifenkraut	30– 55
Brennessel	35– 45
Behaarte Segge	35– 45
Milchkraut	45– 55
Kriechende Nelkenwurz	50
Fluß-Greiskraut	55– 60
Kriechender Hahnenfuß	60
Huflattich	60– 75
Kanadische Goldrute	60– 75
Schmalblättriges Feuerkraut	85–100
Pestwurz	100–150
Gänse-Fingerkraut	110
Gundelrebe	126
Kriechendes Fingerkraut	130
Steinbeere	140
Erdbeere	150
Immergrün	200

Tabelle 2.3.11: Temperaturwerte (Kardinalpunkte) für das Wachstum einiger Nutzpflanzen

Ein Pflanzenwachstum erfolgt jeweils nur zwischen dem Minimum und dem Maximum.

Nach BROUWER 1972, ELLENBERG 1978, GESSNER 1942, MADLE 1967, STILES u. COCKING 1969, WALTER 1962

Art	Minimum in °C	Optimum in °C	Maximum in °C
Ahorn (A. platanoides)	7		28
Bohne	10	32	37
Buche	−5	20–22	43
Fichte	−7	12–18	36
Gerste	3– 4	20	30
Gurke	15	35	50
Hafer	4– 5	25	30
Hanf	0– 5	37–44	44–50
Kiefer	7		34
Kürbis	10–15	37–44	44–50
Linse	2		28
Luzerne	1	30	37
Mais	8–10	34	46
Melone	15–18	31–37	44–50
Roggen	2– 3	25	30
Sonnenblume	5–10	31–37	37–44
Tabak	13	28	35
Tanne	−7	14–20	38
Weizen	5– 6	29	40

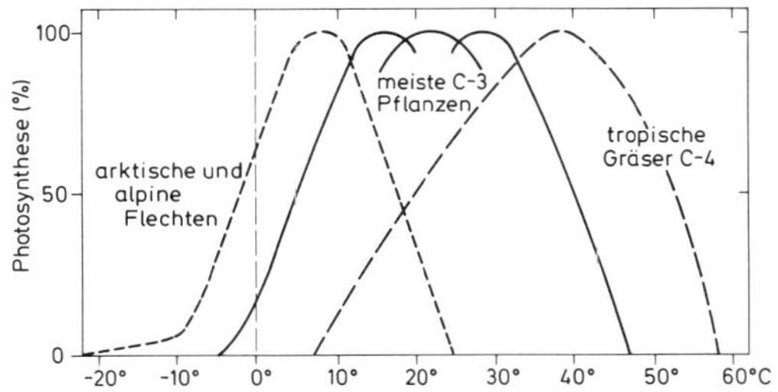

Abb. 2.3.11: Abhängigkeit der Lage der Kardinalpunkte der Nettophotosynthese von der Temperatur bei verschiedenen Pflanzentypen. Siehe auch Tabelle 2.3.11.
Aus STRASBURGER 1983, S. 270.

Tabelle 2.3.12: Optimale pH-Werte des Bodens für das Wachstum von Pflanzen

Extreme pH-Werte können von einigen Spezialisten besiedelt werden. So wachsen Torfmoose und Wollgras noch bei pH-Werten von 3,3–3,5. Der niedrigste Wert wurde für eine mittelamerikanische Sumpfried-Art (Heleocharis schaffneri) mit einem pH-Wert von 1,6 gemessen.

Werte nach verschiedenen Autoren aus ALTMAN u. DITTMER 1973, LÖTSCHERT 1969

Art	pH-Optimum	Art	pH-Optimum
Blaubeere	4,5–6,0	Roggen	5,0–7,0
Eiche	6,0–7,5	Rose	5,5–7,0
Erbse	6,0–8,0	Roßkastanie	5,5–7,0
Erdbeere	5,0–6,5	Rotbuche	6,0–7,5
Fichte	4,5–6,5	Sauerampfer	4,0–7,5
Ginkgo	5,5–7,0	Sonnenblume	6,0–7,5
Hafer	5,0–6,8	Spargel	6,0–8,0
Karotte	5,5–7,0	Stechpalme	5,5–6,5
Kartoffel	5,4–6,7	Tabak	5,5–7,5
Kiefer	4,5–6,5	Tanne	4,5–6,5
Kürbis	5,5–7,0	Veilchen	6,0–7,5
Lärche	4,5–7,5	Walnuß	6,0–7,5
Linde	6,0–7,5	Wein	6,0–8,0
Mais	5,5–7,5	Weizen	5,5–7,5
Melone	6,0–8,0	Zitterpappel	4,5–5,5
Petersilie	5,0–7,0	Zwiebel	6,0–7,5
Rhododendron	4,5–6,0		

Tabelle 2.3.13: Polargrenzen für den Anbau von Nutzpflanzen

Angaben in Grad nördlicher Breite. Zum Vergleich ist die Lage einiger wichtiger Städte angegeben. Da der Anbau auch stark von der Niederschlagsmenge abhängt, siehe auch Tabelle 2.3.14.

Nach ANDREAE 1976

Pflanze	Nordgrenze	ungefähre Lage von Städten zum Vergleich
Kokospalme	15°	15° Manila, Dakar, Guatemala
Ölpalme	16°	
Sisal	19°	19° Mexiko-City, Bombay
		21° Mekka, Hanoi
Kakao, Kaffee	22°	22° Kalkutta
Banane, Maniok	23°	23° Havanna
Kautschuk	25°	
		26° Miami
		30° Kairo
		32° Tel Aviv
Batate	35°	
Baumwolle	38°	38° Athen, Palermo, San Franzisko
Zuckerrohr	39°	
		40° Madrid
Erdnuß, Tee	41°	41° Neapel, New York
Zitrus	42°	42° Rom
Sojabohne, Hirse, Ölbaum	45°	45° Turin, Bordeaux
		48° Wien, München
		49° Paris, Nordgrenze USA
		50° Mainz, Winnipeg
Weinrebe	51°	51° London
Reis	52°	52,5° Berlin
Tabak	53°	
Körnermais	54°	
		56° Moskau
		59° Stockholm
		60° Leningrad, Oslo
Beta-Rüben	61°	
Weizen	63°	63° Trondheim
		69° Murmansk
Gerste, Kartoffeln	70°	

Tabelle 2.3.14: Trockengrenze für den Anbau von Nutzpflanzen

Angegeben ist der Mindestbedarf an Jahresniederschlag in mm. Zum Vergleich erfolgt auch die Angabe des Jahresniederschlags einiger bekannter Orte verschiedener Klimazonen. Da der Anbau auch wesentlich von der Temperatur abhängt, siehe auch Tabelle 2.3.13.

Angaben nach ANDREAE 1976

Art	Erforderlicher Jahresniederschlag in mm	Jahresniederschlag einiger Orte	
		Goa	2506
		Bombay	1813
Kautschuk, Ölpalme	1500	New Orleans	1545
Tee, Yams	1500		
Zuckerrohr	1400		
Kakao, Kokospalme	1300	Madras	1241
		Shanghai	1120
		Mailand	1011
Arabica-Kaffee	900	München	935
Reis	800	Rom	836
Körnermais	760	Lissabon	754
		Algier	728
		Palermo	644
		Wien	644
		Frankfurt	604
		Adana	600
		Berlin	581
		Moskau	535
Batate, Baumwolle	500	Magdeburg	508
Maniok, Tabak	500		
Zuckerrübe	450	Los Angeles	440
Kartoffeln, Sesam	400		
Erdnuß, Weizen	300		
Sisal, Gerste	250		
Ölbaum	200	Phoenix (Ariz.)	206
		Bagdad	145

2.4 Fortpflanzung: Blühen, Früchte, Samen

Tabelle 2.4.1: Linnés Blumenuhr

Die Uhrzeiten gelten für Uppsala (60° n. Br.).

Nach MEYER 1964

Uhrzeit	Es öffnen die Blüten	Es schließen die Blüten
3– 5 Uhr	Wiesenbocksbart	
4– 5 Uhr	Wegwarte, Bitterich	
5 Uhr	Braunrote Taglilie, Gänsedistel, Islandmohn	
5– 6 Uhr	Löwenzahn	
6 Uhr	Doldiges Habichtskraut, Geflecktes Ferkelkraut	
6– 7 Uhr	Blasenschötchen, Mauerhabichtskraut, Gemeines Habichtskraut	
7 Uhr	Ästige Graslilie, Weiße Seerose	
8 Uhr	Ackergauchheil, Felsennelke	
8–10 Uhr		Löwenzahn
9–10 Uhr	Ackerringelblume, Rote Schuppenmiere	Wiesenbocksbart
10 Uhr		Wegwarte
11–12 Uhr		Gänsedistel
12 Uhr		Ackerringelblume
13 Uhr		Felsennelke
14 Uhr		Mauerhabichtskraut, Gemeines Habichtskraut
14–15 Uhr		Rote Schuppenmiere
15–16 Uhr		Ästige Graslilie
16 Uhr		Blasenschötchen
16–17 Uhr		Geflecktes Ferkelkraut
17 Uhr		Doldiges Habichtskraut, Weiße Seerose
19 Uhr		Islandmohn
19–20 Uhr		Braunrote Taglilie

Tabelle 2.4.2: Blütenformeln einiger Pflanzenfamilien

Angegeben ist die für die Familie typische Blütenformel. Dort, wo innerhalb einer Familie unterschiedliche Formeln vorliegen, werden für wichtige Gattungen diese zusätzlich genannt, ebenso, wenn Ausnahmen für bekannte Gattungen vorkommen. Es sind hauptsächlich wichtige europäische Familien berücksichtigt.
A = Staubblätter (Androeceum), C = Krone (Corolle), G = Fruchtblätter (Gynoeceum), K = Kelch, P = Perigon (Blütenhülle mit gleichartigen Blättern). Die Klammern bedeuten, daß die entsprechenden Teile verwachsen sind. ∞ = zahlreich.

Werte nach GRAF 1975, SCHMEIL u. FITSCHEN 1982, STRASBURGER 1983

Familie		P	K	C	A	G
Ahorngewächse (Aceraceae)			5	5	8	(2)
Binsengewächse (Juncaceae)		3+3			3+3	(3)
Birkengewächse (Betulaceae)						
Birke	♂	2+2			2	
	♀					(2)
Hasel	♂				4	
	♀					(2)
Weißbuche	♂				4–12	
	♀					(2)
Brennesselgewächse	♂	4			4	
(Urticaceae)	♀	2–5				1
Buchengewächse (Fagaceae)						
Bsp.: Rotbuche	♂	5 – 6				(4)–(15)
	♀	3+3				(3)
Dickblattgewächse (Crassulaceae)			5	5	10	5
Doldengewächse (Apiaceae)			5	5	5	(2)
Efeugewächse (Araliaceae)			5	5	5	(3)–(5)
Enziangewächse (Gentianaceae)			5	5	5	(2)
Gänsefußgewächse (Chenopodiaceae)		5			5	(2)
Geißblattgewächse (Caprifoliaceae)			5	5	5	(2)–(3)
Glockenblumengewächse (Campanulaceae)			5	(5)	5	(3)
Hahnenfußgewächse (Ranunculaceae)						
Gatt. Anemone		3+3			∞	∞
Gatt. Ranunculus			5	5	∞	∞
Heidekrautgewächse (Ericaceae)						
Gatt. Erica, Calluna			4	(4)	8	(4)
Gatt. Vaccinium			5	(5)	10	(5)
Kardengewächse (Dipsacaceae)			4–5	(4)–(5)	4	1
Knöterichgewächse (Polygonaceae)						
Gatt. Rheum		6			9	(3)
Gatt. Rumex		6			6	(3)

Familie	P	K	C	A	G
Korbblütler (Asteraceae und Cichoriaceae)			(5)	(5)	(2)
Kreuzblütler (Brassicaceae)		4	4	4+2	(2)
Liliengewächse (Liliaceae)	3+3			3+3	(3)
Gatt. Paris, Maianthemum		4	4	4+4	(4)
Lindengewächse (Tiliaceae)		5	5	∞	(5)
Lippenblütler (Lamiaceae)		(5)	(5)	4	(2)
Mohngewächse (Papaveraceae)		2	2+2	∞	(2)
Nachtschattengewächse (Solanaceae)		(5)	(5)	5	(2)
Nelkengewächse (Caryophyllaceae)		(5)	5	5+5	(5)
Orchideen (Orchidaceae)	6			1–2	(3)
Primelgewächse (Primulaceae)		(5)	(5)	5	(5)
Rachenblütler (Scrophulariaceae)		(5)	(5)	5	(2)
Gatt. Veronica		(5)	(5)	2	(2)
Rauhblattgewächse (Boraginaceae)		5	(5)	5	(2)
Rosengewächse (Rosaceae)		5	5	5–∞	1–∞
Sauergräser (Cyperaceae)					
Gatt. Scirpus	3+3			3	(3)
Gatt. Carex ♂				3	
♀					(2)–(3)
Sauerkleegewächse (Oxalidaceae)		5	5	5+5	5
Schmetterlingsblütler (Fabaceae)					
Gatt. Laburnum		(5)	5	(10)	1
Gatt. Vicia		(5)	5	(9)+1	1
Seerosengewächse (Nymphaeaceae)		4	∞	∞	∞
Sonnentaugewächse (Droseraceae)		5	5	5	(3)
Steinbrechgewächse (Saxifragaceae)		5	5	5+5	(2)
Storchschnabelgewächse (Geraniaceae)		5	5	(5)–(5+5)	(5)
Süßgräser (Poaceae)	(2)+2			3	(3)
Veilchengewächse (Violaceae)		5	5	5	(3)
Wasserlinsengewächse (Lemnaceae) ♂				1	
♀					1
Wegerichgewächse (Plantaginaceae)		4	(4)	4	(2)
Wolfsmilchgewächse (Euphorbiaceae) ♂				1	
♀					(3)

Tabelle 2.4.3: Blühdauer einiger Pflanzen

Angegeben ist die Lebensdauer einer Einzelblüte.
Der Länge nach geordnet.

Werte nach KERNER v. MARILAUN 1898, MOLISCH 1965

Art	Blühdauer in Tagen	Art	Blühdauer in Tagen
Nachtkerze	1	Gelbe Taglilie	6
Stechapfel	1	Pelargonie	7
Wiesenstorchschnabel	2	Scharfer Hahnenfuß	7
Hügel-Weidenröschen	2	Sumpf-Herzblatt	8
Schlafmohn	2	Leberblümchen	8
Blattloser Ehrenpreis	2	Moos-Steinbrech	8
Feldrose	2	Winterling	8
Ackersenf	2	Alpenveilchen	10
Odermennig	3	Stachelblättriger Steinbrech	12
Alpen-Sonnenröschen	3	Gewürzkrokus	12
Heckenkirsche	3	Moosbeere	18
Mastkraut	4	Tropische Orchideen:	
Rote Lichtnelke	4	Cattleya labiata	30
Dunkle Fetthenne	4	Cypripedium insigne	40
Schachblume	5	Phalaenopsis grandiflora	50
Klebriger Lein	5	Oncidium cruentatum	60
Echtes Tausendgüldenkraut	5	Cypripedium villosum	70
Roter Fingerhut	6	Odontoglossum rossii	80
Ästiges Tausendgüldenkraut	6		

Tabelle 2.4.4: Kritische Tageslänge für die Auslösung des Blühens bei Langtag- und Kurztagpflanzen

Werte aus GREULACH u. ADAMS 1962, JENSEN u. SALISBURY 1972
Siehe auch STRASBURGER 1983

Art	Kritische Tageslänge in Stunden
Langtagpflanzen	
Bilsenkraut	<10
Dill	<11
Hafer	<9
Hibiscus	<12
Knäuelgras	<12
Lieschgras (Phleum pratense)	<12
Lieschgras (Phleum nodosum)	$<14,5$

Art	Kritische Tageslänge in Stunden
Quecke (Agropyron smithii)	<10
Radieschen	<12
Ital. Raygras (Lolium italicum)	<11
Engl. Raygras (Lolium perenne)	<13
Rohrglanzgras (Phalaris arundinacea)	<12,5
Rudbeckie	<10
Spinat	<13
Straußgras (Agrostis palustris)	<16
Trespe (Bromus inermis)	<12,5
Wiesenklee	<12
Wintergerste	<12
Winterweizen	<12
Kurztagpflanzen	
Brutblatt	>12
Chrysantheme	>15
Cosmos	>14
Erdbeere (Fragaria chiloensis)	>10
Kalanchoe	>12
Mammutbaum	>14
Poinsettie (Euphorbia pulcherrima)	>12
Tabak	>14
Veilchen (Viola papilionacea)	>11
Winterreis	>12

Tabelle 2.4.5: Blühdaten einiger einheimischer Bäume und Sträucher

Daten für einkeimblättrige Pflanzen siehe Tabelle 2.4.6, für Süßgräser Tabelle 2.4.7 und für zweikeimblättrige Pflanzen Tabelle 2.4.8. Man beachte, daß in Norddeutschland die Blüte z.B. des Apfelbaumes 3 Wochen später beginnt als im Rheintal oder am Bodensee.

Werte aus Schmeil u. Fitschen 1968, Siedentop u. Flindt 1977

Art	Monate	Art	Monate
Alpenrosen	V–VII	Birne	IV–V
Apfel	IV–VI	Brombeere	VI–VII
Apfelrose	VI–VII	Buchsbaum	III–IV
Aprikose	III–IV	Diptam	V–VI
Bergahorn	IV–VI	Douglastanne	IV–V
Besenginster	V–VI	Eberesche	V–VII
Birke	IV–V	Edelkastanie	VI

Fortsetzung →

Art	Monate	Art	Monate
Efeu	IX–X	Pfirsich	IV–V
Eibe	III–IV	Pflaume	IV–V
Eiche	IV–V	Platane	V
Erle	III–IV	Porst	V–VI
Esche	V–VI	Preißelbeere	V–VII
Faulbaum	V–VI	Quitte	V–VI
Feldahorn	V	Robinie	V–VI
Feldulme	III–IV	Rosmarinheide	V–VI
Fichte	IV–VI	Roßkastanie	IV–V
Flieder	V–VI	Rotbuche	IV–V
Flügelginster	V–VII	Salweide	III–IV
Forsythie	III–IV	Sauerdorn	V–VI
Gagelstrauch	IV–V	Sauerkirsche	IV–V
Glockenheide	VII–VIII	Schlehe	III–IV
Goldregen	IV–VI	Schneeball, Wolliger	IV–V
Hainbuche	IV–VI	Schwarzpappel	III–IV
Hartriegel	V–VI	Seidelbast	II–IV
Hasel	II–IV	Silberpappel	III–IV
Hauhechel, Dorniger	VI–VII	Sommerlinde	VI
Heckenrose	VI	Spitzahorn	IV–V
Heidekraut	VII–XI	Stachelbeere	IV–V
Heidelbeere	V–VI	Stechpalme	V–VI
Himbeere	V–VI	Süßkirsche	IV–V
Holunder	VI–VII	Traubenkirsche	IV–VI
Hundsrose	VI	Wacholder	IV–V
Korb-Weide	III–IV	Waldkiefer	V–VI
Kornelkirsche	III–IV	Waldrebe	VI–IX
Krähenbeere	V–VI	Walnuß	IV–V
Lärche	IV–VI	Weinrebe	VI–VII
Latsche	V–VI	Weißdorn	V–VI
Liguster	VI–VII	Weißtanne	V–VI
Mehlbeere	V–VI	Winterlinde	VI–VII
Mistel	III–V	Zirbelkiefer	VI–VII
Ohren-Weide	IV–V	Zitterpappel	II–IV
Pfaffenhütchen	V–VII	Zwergmispel	IV–VI

Tabelle 2.4.6: Blühdaten einiger einheimischer einkeimblättriger Pflanzen

Ohne Gräser, diese siehe Tabelle 2.4.7. Daten für Bäume und Sträucher Tabelle 2.4.5 und für zweikeimblättrige Pflanzen Tabelle 2.4.8.

Werte aus SCHMEIL u. FITSCHEN 1968, SIEDENTOP u. FLINDT 1977

Art	Monate des Blühens	Art	Monate des Blühens
Ackergelbstern	III–V	Ragwurz	
Aronstab	IV–V	Bienen-	V–VII
Bärenlauch	V–VI	Fliegen-	V–VI
Blaustern, Zweiblättriger	III–IV	Hummel-	V–VI
Blumbenbinse	V–VII	Rohrkolben,	
Binse, Zusammengedr.	VI–IX	Breitblättriger	VI–VII
Drachenwurz	V–VII	Salomonssiegel	V–VI
Einbeere	V	Schachblume	IV–V
Frauenschuh	V–VII	Schattenblume	IV–VI
Froschbiß	V–VIII	Schneeglöckchen	II–IV
Froschlöffel	VI–IX	Schwanenblume	VI–VIII
Germer	VI–VIII	Seegras	VI–X
Graslilie	VI–VIII	Segge, Behaarte	IV–VI
Herbstzeitlose	VIII–IX	Graue	V–VIII
Hohlzunge	V–VI	Igel-	V–VI
Igelkolben, Ästiger	VI–VIII	Sand-	V–VI
Knabenkraut, Geflecktes	V–VIII	Steife	IV–V
Helm-	V–VI	Wiesen-	V–VIII
Kuckucks-	V–VI	Spargel	V–VI
Krokus	III–IV	Strandbinse	VII–VIII
Kuckucksblume,		Sumpfbinse	VI–VII
Zweiblättrige	V–VII	Sumpf-Schwertlilie	V–VI
Laichkraut, Dichtes	VI–VII	Sumpfwurz,	
Krauses	V–IX	Breitblättrige	VI–IX
Schwimmendes	V–VIII	Echte	VI–VIII
Märzenbecher	II–IV	Teichlinse	V–VI
Maiglöckchen	V–VI	Türkenbundlilie	VII–VIII
Mückenhändelwurz	V–VIII	Wald-Hainsimse	IV–V
Nestwurz	V–VI	Wasserpest	V–VIII
Netzblatt	VII–VIII	Wollgras, Scheiden-	III–IV
Osterglocke	III–IV	Schmalblättriges	III–V
Pfeilkraut	VI–VIII	Zweiblatt	V–VII

Tabelle 2.4.7: Blühdaten einiger einheimischer Süßgräser

Angaben nach SCHMEIL u. FITSCHEN 1968, SIEDENTOP u. FLINDT 1977

Art	Monate	Art	Monate
Andel (Salzschwaden)	VI–IX	Schilfrohr	VII–IX
Borstgras	V–VII	Schlickgras	VII–IX
Federgras	VII–VIII	Schwingel, Bunter	VII–VIII
Flattergras, Weiches	V–VII	Wiesen-	VI–VII
Gerste	VII	Strandhafer	VI–VII
Glatthafer	VI–VII	Straußgras, Großes	VI–VIII
Hafer	VI–VII	Taumel-Lolch	VI–VIII
Honiggras, Wolliges	VI–VIII	Trespe, Aufrechte	V–VII
Knäuelgras	V–VI	Weiche	V–VII
Land-Reitgras	V–VIII	Waldschwaden	VI–VII
Mäuse-Gerste	VI–XI	Weizen	VI
Perlgras, Einblütiges	V–VI	Wiesenkammgras	VI–VII
Pfeifengras	VII–IX	Wiesenlieschgras	V–VII
Quecke	VI–VII	Wiesenrispengras	V–VII
Rasen-Schmiele	VII–IX	Windhafer	VI–VIII
Roggen	V–VI	Windhalm	VI–VII
Rohrglanzgras	VI–VIII	Zittergras	V–IX
Ruchgras	V–VIII		

Tabelle 2.4.8: Blühdaten einiger einheimischer zweikeimblättriger Pflanzen

Ausgenommen sind Bäume und Sträucher, diese siehe Tabelle 2.4.5. Daten für einkeimblättrige Pflanzen siehe Tabelle 2.4.6, für Süßgräser Tabelle 2.4.7.

Angaben nach SCHMEIL u. FITSCHEN 1968, SIEDENTOP u. FLINDT 1977

Art	Monate des Blühens	Art	Monate des Blühens
Acker-Schöterich	V–IX	Baldrian	VII–VIII
Acker-Stiefmütterchen	V–X	Barbenkraut	IV–VII
Ackerwinde	V–X	Beinwell	V–VII
Acker-Witwenblume	V–IX	Bibernelle	VI–IX
Akelei	VI–VII	Bilsenkraut	VI–X
Alpenveilchen	VI–IX	Bingelkraut	IV–V
Ampfer, Krauser	V–VII	Blutweiderich	VI–IX
Arnika	V–VIII	Blutwurz	V–VII
Bachbunge	V–VIII	Braunelle	VI–IX
Bachnelkenwurz	IV–V	Braunwurz, Knotige	VI–VII
Bärenklau	VI–X	Brennessel, Große	VI–X

Art	Monate des Blühens	Art	Monate des Blühens
Brunnenkresse	V–VIII	Hauswurz	VII–IX
Buschwindröschen	III–IV	Hederich	VI–VIII
Christrose	II–VI	Hellerkraut, Acker-	IV–VI
Edelweiß	VII–IX	Hexenkraut	VI–IX
Eisenhut, Blauer	VII–VIII	Hirtentäschelkraut	II–IX
Enzian, Gelber	VI–VIII	Hohlzahn	VII–X
Lungen-	VII–X	Hopfen	V
Stengelloser	IV–VIII	Hopfenklee	V–IX
Erbse	V–VI	Hornklee	V–IX
Erdbeere, Wald-	V–VI	Hornkraut	III–VI
Erdrauch	IV–X	Huflattich	III–IV
Esparsette	V–VII	Hundskamille	VI–IX
Fetthenne	VI–IX	Hundsveilchen	IV–VI
Fettkraut	V–VIII	Hundszunge	V–VI
Feuerkraut, Schmalblättriges	VI–VIII	Hungerblümchen	II–V
Fichtenspargel	VI–VIII	Johanniskraut	VI–VIII
Fieberklee	V–VI	Kamille, Echte	V–IX
Fingerhut, Roter	VI–VII	Karthäuser-Nelke	VI–VIII
Fingerkraut, Frühlings-	III–V	Kartoffel	VI–IX
Gänse-	V–VIII	Katzenpfötchen	V–VII
Frauenmantel	V–IX	Klappertopf, Zottiger	V–IX
Gänseblümchen	III–XI	Klatschmohn	V–VII
Gänsedistel, Acker-	VII–X	Klebkraut	V–X
Gamander-Ehrenpreis	V–VIII	Klette	VII–IX
Gartenbohne	VI–IX	Knoblauchrauke	IV–VI
Giersch	V–IX	Kornblume	VI–IX
Gilbweiderich	VI–VIII	Kornrade	VI–IX
Glockenblume, Rundblättrige	VI–IX	Kratzdistel, Gemeine	VIII–X
Goldnessel	IV–VII	Kreuzblume, Gemeine	V–VIII
Graukresse	VI–X	Kuckuckslichtnelke	V–VIII
Greiskraut, Gemeines	III–X	Küchenschelle	III–V
Günsel, Kriechender	V–VIII	Kümmel	V–VII
Gundermann	IV–VI	Leberblümchen	III–IV
Gurke	VI–IX	Leinkraut	VI–IX
Guter Heinrich	IV–X	Lerchensporn	III–V
Habichtskraut, Kleines	V–X	Löwenzahn	IV–VII
Hahnenfuß, Acker-	V–VII	Lungenkraut	III–V
Flutender	VI–VIII	Lupine	VI–IX
Kriechender	V–VIII	Mädesüß	VI–VIII
Scharfer	V–X	Malve	V–IX
Haselwurz	III–V	Margerite	V–X
		Mauerpfeffer	VI–VIII
		Melde, Gemeine	VII–X

Fortsetzung →

Art	Monate des Blühens	Art	Monate des Blühens
Merk, Aufrechter	VI–VIII	Sonnenröschen	V–IX
Milzkraut, Gold-	IV–VI	Sonnentau	VI–VIII
Möhre, Wilde	V–VII	Spark, Feld-	VI–X
Moschuskraut	III–V	Spinat	V–IX
Nachtkerze	VI–IX	Spitzwegerich	V–IX
Nachtnelke, Rote	IV–IX	Steinklee, Echter	V–IX
Weiße	VI–IX	Sterndolde, Große	VI–VIII
Natternkopf	VI–X	Sternmiere, Vogel-	III–X
Nieswurz, Stinkende	III–IV	Storchschnabel	
Ochsenzunge	V–IX	Blutroter	V–IX
Odermennig	VI–VIII	Wiesen-	VI–VIII
Pestwurz	III–V	Stranddistel	VI–X
Petersilie	VI–VII	Strohblume	VII–X
Pfefferminze	VI–VII	Sumpfblutauge	VI–VII
Pfeilkresse	V–VII	Sumpfdotterblume	III–VI
Pfennigkraut	V–VII	Sumpf-Engelswurz	VII–VIII
Platterbse, Frühlings-	IV–V	Sumpfkresse, Wald-	VI–IX
Wiesen-	VI–VII	Tannenwedel	V–VIII
Prachtnelke	VI–IX	Taubnessel, Rote	III–X
Purgier-Lein	VI–VIII	Weiße	IV–VIII
Queller	VIII–X	Tausendgüldenkraut	VII–IX
Rührmichnichtan	VII–IX	Teichrose, Gelbe	IV–IX
Ruprechtskraut	V–X	Teufelskralle, Ährige	V–VIII
Sanikel	V–VII	Thymian	V–X
Sauerampfer	V–VI	Tollkirsche	VI–VIII
Sauerklee	IV–V	Tomate	VII–X
Schafgarbe	VI–X	Traubensteinbrech	V–VIII
Scharbockskraut	III–V	Trollblume	V–VI
Scheiden-Kronwicke	VI–VII	Vergißmeinnicht, Wald-	V–VII
Schierling	VI–IX	Vogelknöterich	V–IX
Schlüsselblume, Hohe	III–V	Vogel-Wicke	VI–VII
Wiesen	IV–V	Wachtelweizen, Wald-	V–VIII
Schöllkraut	V–IX	Waldmeister	IV–V
Schwalbenwurz	V–VIII	Wasserdost	VII–IX
Seerose	VI–IX	Wassernuß	VI–IX
Seide	VI–IX	Wasserschierling	VII–IX
Seifenkraut	VI–IX	Weg-Rauke	V–X
Senf, Acker-	VI–IX	Wegwarte	VII–IX
Schwarzer	VI–IX	Wiesen-Alant	VI–IX
Silberblatt	V–VI	Wiesenkerbel	IV–VIII
Silberdistel	VII–IX	Wiesenklee	V–IX
Skabiose, Tauben-	VII–X	Wiesenknopf, Großer	VI–IX
Sonnenblume	VII–X	Kleiner	V–VI

Art	Monate des Blühens	Art	Monate des Blühens
Wiesensalbei	V–VIII	Zaunrübe	VI–IX
Wiesenschaumkraut	IV–VII	Zaunwinde	VI–IX
Windröschen, Gelbes	III–V	Ziest, Echter	VI–VIII
Wundklee	V–IX	Zypressenwolfsmilch	IV–VII

Tabelle 2.4.9: Zeit der Sporenreife einiger einheimischer Farnpflanzen

Werte nach SCHMEIL u. FITSCHEN 1968, SIEDENTOP u. FLINDT 1977

Art	Monat
Ackerschachtelhalm	III–IV
Adlerfarn	VII–X
Bärlapp, Sprossender	VIII–X
Buchen-Lappenfarn	VI–VIII
Eichenfarn	VII–VIII
Flachbärlapp, Gemeiner	VIII–IX
Frauenfarn	VII–IX
Hirschzunge	VII–IX
Königsrispenfarn	VI–VII
Kolbenbärlapp	VII–VIII
Mauerraute	VI–VII
Mondraute, Echte	V–VII
Moosfarn, Schweizer	VI–VIII
Natternzunge	VI–VIII
Rippenfarn	VII–IX
Streifenfarn, Brauner	VII–IX
Sumpfbärlapp	VIII–X
Sumpfschachtelhalm	V–VII
Tüpfelfarn	VI–IX
Waldschachtelhalm	V–VI
Wiesenschachtelhalm	V–VI
Wurmfarn	VI–IX

Tabelle 2.4.10: Zeit der Fruchtkörperbildung einheimischer Pilze

Angaben nach Mauch u. Lauber 1975, Michael, Hennig u. Kreisel 1978

Art	Monate des Erscheinens
Anisegerling	VI–X
Austernseitling	XI–III
Edelreizker	VII–XI
Fliegenpilz	VII–X
Giftlorchel	III–V
Glucke, Krause	VII–XI
Goldröhrling	VII–X
Habichtspilz	VIII–XI
Hallimasch	IX–XI
Herbsttrompete	VIII–XI
Kartoffelbovist	VII–XI
Knollenblätterpilz, Grüner	VII–X
Koralle, Goldgelbe	VIII–X
Krempling, Kahler	VII–XI
Lorchel, Krause	VIII–XI
Märzellerling	III–IV
Maronenröhrling	VI–XI
Pantherpilz	VII–X
Parasolpilz	VII–X
Perlpilz	VI–X
Pfeffermilchling	VII–X
Pfifferling	VI–X
Riesenrötling	V–IX
Rißpilz, Ziegelroter	V–VIII
Rötelritterling, Nackter	IX–XI
Rotfußröhrling	VI–XI
Rotkappe	VI–X
Sandröhrling	VI–XI
Schopftintling	IV–XI
Schwefelkopf, Ziegelroter	VIII–XI
Semmel-Stoppelpilz	VII–XI
Speisemorchel	IV–V
Speitäubling	VI–X
Spitzmorchel	III–V
Steinpilz	VI–X
Stinkmorchel	V–IX
Stockschwämmchen	IV–XII
Trüffel, Deutsche	VII–X
Waldchampignon, Großer	VI–X
Wiesenchampignon	VI–X
Ziegenlippe	VI–X
Zigeuner	VII–X

Tabelle 2.4.11: Jährliche Samenzahlen einiger Pflanzen

Geordnet nach der Zahl der Samen pro Pflanze.

Nach BERTELSMANN 1979, HANF o. J., MEYER 1964, MÜLLER-SCHNEIDER 1977

Sand-Vergißmeinnicht	56
Kokospalme	70
Hederich	160
Rote Taubnessel	200
Kornrade	200
Ruprechtskraut	300
Schwarzer Nachtschatten	500
Ackerwinde	550
Ackervergißmeinnicht	700
Gemeine Ochsenzunge	900
Acker-Hellerkraut	900
Ackerhahnenfuß	900
Ackersenf	1 200
Kornblume	1 600
Stiefmütterchen	2 500
Weg-Rauke	2 700
Ackerglockenblume	3 000
Wilde Möhre	4 000
Löwenzahn	5 000
Geflecktes Johanniskraut	10 600
Vogelmiere	15 000
Ackerdistel	19 000
Melde	20 000
Klatschmohn	20 000
Mädesüß	34 000
Schöllkraut	36 000
Kreuzkraut	40 000
Bilsenkraut	45 000
Huflattich	60 000
Hirtentäschelkraut	64 000
Geflecktes Knabenkraut	100 000
Berufkraut	120 000
Geruchlose Kamille	210 000
Knopfkraut	300 000
Tabak	360 000
Beifuß	700 000
Buddleia	20 000 000
Schwarzpappel	28 000 000
Birke	30 000 000

Tabelle 2.4.12: Samenzahlen pro Fruchtknoten einiger Pflanzen

Der Größe nach geordnet. Die Gesamtzahl an Samen einer Pflanze siehe Tabelle 2.4.11.

Angaben nach BECHTEL et coll. 1980, EBEL u. BIRNBAUM 1971, MEYER 1964

Art	Samenzahl pro Fruchtknoten
Kirsche	1
Kokosnuß	1
Mandel	1
Pflaume	1
Walnuß	1
Erdnuß	3– 4
Apfel	5– 10
Birne	5– 10
Erbse	8– 12
Hirtentäschelkraut	30– 40
Bilsenkraut	300–400
Mohn	>1000
Maxillaria (Orchidee)	1756440
Schwanenorchidee (Cycnorches)	3751000 (!)

Tabelle 2.4.13: Gewicht einiger Samen

Das Tausendkorngewicht und das Hektolitergewicht der Samen von Nutzpflanzen siehe Tabelle 2.4.14.
Dem Gewicht nach geordnet.

Werte aus BERTELSMANN 1979, GÖTZ u. KONRAD 1977, MEYER 1964, ULBRICH 1928

Art	Gewicht in g
Sommerwurz (Orobanche ionantha)	0,000001
Netzblatt (Goodyera repens)	0,000002
Einblütiges Wintergrün	0,000004
Mücken-Händelwurz	0,000008
Birke	0,0006
Klee	0,002
Erle	0,002
Raps	0,004
Fichte	0,007
Ulme	0,008
Douglasie	0,01
Robinie	0,02
Roggen	0,03
Hainbuche	0,035

Art	Gewicht in g
Weizen	0,04
Hafer	0,04
Tanne	0,04
Gerste	0,04
Esche	0,07
Lupine	0,08
Linse	0,082
Ahorn	0,1
Erbse	0,2
Mais	0,2
Rotbuche	0,22
Ackerbohne	0,3
Bärenklau	0,4
Feuerbohne	0,5
Eiche	3,0
Paranuß	bis 25
Avocado	bis 60

Tabelle 2.4.14: Tausendkorngewichte (TKG) und Hektolitergewichte der Samen einiger Kulturpflanzen

Samengewichte siehe auch Tabelle 2.4.13.

Nach Brouwer 1977, Götz u. Konrad 1977

Art	TKG in g	Hektolitergewicht in kg
Winterweizen	35– 45	74–76
Winterroggen	25– 35	70–73
Sommergerste	35– 45	62–63
Hafer	32– 40	50–60
Saatmais	200–450	
Hartmais	115–300	
Zuckermais	240–310	
Puffmais	80–130	
Viktoria-Erbsen	200–300	78–82
Acker-Erbsen	150–250	75–82
Ackerbohnen	250–350	75–85
Saatwicken	40– 55	76–80
Lupine	100–120	76–80
Raps	4– 6	65–72
Klee	2– 3	70–80
Luzerne	2– 3	70–80

Tabelle 2.4.15: Lebensalter von Samen einiger Pflanzen

Das Alter ist zum Teil stark von den Lagerbedingungen abhängig. Die hohen Werte beziehen sich auf Funde von Einzelsamen unter datierbaren Fundamenten von Gebäuden (z. B. Kirchen). Für die mit * gekennzeichneten Werte liegen keine Angaben vor, ob die Samen beim Auffinden noch keimfähig waren.

Werte aus ALTMAN u. DITTMER 1972, GESSNER 1942, MEYER 1964

Pflanzenart	max. Lebensdauer der Samen	Pflanzenart	max. Lebensdauer der Samen
Eßkastanie	9 Monate	Zwiebel	22 Jahre
Roßkastanie	15 Monate	Melone	30 Jahre
Zitrone	16 Monate	Karotte	31 Jahre
Kokosnuß	16 Monate	Erbse	31 Jahre
Kaffee	22 Monate	Gerste	32 Jahre
Buche	2 Jahre	Roggen	32 Jahre
Haselnuß	2 Jahre	Weizen	32 Jahre
Zitterpappel	2 Jahre	Mais	37 Jahre
Eiche	3 Jahre	Sellerie	39 Jahre
Walnuß	5 Jahre	Tabak	39 Jahre
Weymouthskiefer	10 Jahre	Hafer	41 Jahre
Kornblume	10 Jahre	Senf	50 Jahre
Kürbis	10 Jahre	*Roter Fingerhut	68 Jahre
Mohn	10 Jahre	Löwenzahn	68 Jahre
Quecke	10 Jahre	*Nachtkerze	80 Jahre
Raps	16 Jahre	Wiesenklee	100 Jahre
Hirse	17 Jahre	Kartoffel	200 Jahre
Lein	18 Jahre	Indische Lotosblume	250 Jahre
Kohl	19 Jahre	*Kriechender	
Hanf	19 Jahre	Hahnenfuß	600 Jahre
Kopfsalat	20 Jahre	*Weißklee	600 Jahre
Bohne	22 Jahre	*Feldspark	1700 Jahre

Tabelle 2.4.16: Maximale Wurfweite der Samen durch Schleuderfrüchte

Der Größe nach geordnet.

Werte nach BÜNNING 1953, KERNER V. MARILAUN 1898, STRASBURGER 1983, ULBRICH 1928

Art	Wurfweite
Springschaumkraut	0,90 m
Hundsveilchen	1,00 m
Gemswurz (Doronicum decumbens)	1,00 m
Stein-Storchschnabel	1,50 m
Sumpf-Storchschnabel	2,50 m
Wald-Veilchen	3,75 m
Hohes Veilchen	4,65 m
Stiefmütterchen	4,75 m
Lupine (Lupinus digitatus)	7,00 m
Stachelbärenklau (Acanthus mollis)	9,50 m
Spritzgurke (Ecballium)	12,70 m
Sandbüchsbaum (Hura crepitans)	14,00 m
Bauhinia purpurea (Trop. Liane)	15,00 m
Zum Vergleich:	
Pillenwerfer-Pilz (Pilobolus), Sporangium	2,50 m

2.5 Inhaltsstoffe

Tabelle 2.5.1: Zusammensetzung von Getreide
In %, jeweils geschält bzw. ohne Spelzen.
Nach BERTELSMANN 1979, FRANKE 1976, rororo 1976/77

	Wasser	Eiweiß	Fett	Kohlen hydrate	Asche
Weizen	13,2	12,4	2,0	66,7	1,8
Roggen	13,7	9,2	1,8	70,2	1,8
Hafer	13,0	13,0	7,0	61,3	2,3
Gerste	11,7	7,5	1,2	73,6	1,3
Reis	13,1	7,4	0,4	75,6	0,8
Mais	12,5	11,0	4,4	67,2	1,5
Hirse	12,1	11,5	3,9	68,1	1,7

Tabelle 2.5.2: Zusammensetzung von Hülsenfrüchten
Aus FRANKE 1976

	Wasser	Eiweiß	Fett	Kohlen-hydrate	Roh-faser	Mineral-stoffe
				in %		
Erbse, reife Samen	10,9	22,9	1,4	60,7	1,4	2,7
grüne Erbsen	76,0	6,7	0,5	13,9	1,9	1,0
Bohne, reife Samen	11,6	21,3	1,6	57,6	4,0	3,9
Bohne, grüne Bohnen	90,4	2,24	0,26	5,0	1,36	0,74
Linse	12,4	25,1	0,7	59,0	0,7	2,1
Pferdebohne	14,0	23,0	2,0	55,0	6,2	3,1
Sojabohne	8,3	40,0	18,8	24,0	4,0	4,6
Erdnuß, geröstet	2,8	26,5	46,6	19,0	2,4	2,7

Tabelle 2.5.3: Fettgehalt verschiedener pflanzlicher Organe

Angaben in % des Trockengewichts. Siehe auch Tabelle 2.5.4, dort ist der Fettgehalt in % des Frischgewichts angegeben.

Werte aus FRANKE 1976, STEWARD 1966

Pflanzenart oder Organ	Fettgehalt in % des Trockengewichts
Samen	
Baumwolle	16–24
Bohne	8
Buchecker	40–46
Erdnuß	24–56
Flachs	24–43
Hanf	30–35
Haselnuß	60–68
Kaffee	5–10
Kakao	50–58
Kokosnuß, Endosperm	65–72
Luzerne	8–10
Mais	4,7
Mandel	40–45
Mohn	40–51
Ölpalme	50
Pecannuß	65
Petersilie	16–19
Raps	22–49
Reis	2,2
Rhizinus	35–57
Roßkastanie	3– 6
Sesam	44–54
Sojabohne	17–22
Sonnenblume	40–65
Walnuß	64
Weizen	2– 2,4
Frucht-Perikarp	
Avokado	70
Lorbeer	24–55
Ölpalme	71–81
Olive	35–70
Blätter	
Knäuelgras	2,2
Kohl	1,7
Lolch (Lolium perenne)	1,7

Fortsetzung →

Pflanzenart und Organ	Fettgehalt in % des Trockengewichts
Luzerne	2,3
Spinat	0,4
Wurzeln	
Mangrove	70
Runkelrübe	7
Sprosse	
Chinabohne (Vigna sinensis)	2,6
Linde (T. americana), Rinde	2,3
Sojabohne	2,5

Tabelle 2.5.4: Fettgehalt von Samen und Früchten einiger Pflanzen in % des Frischgewichts

Vergleiche dazu auch Tabelle 2.5.3, dort ist der Fettgehalt des Trockengewichts verschiedener pflanzlicher Organe wiedergegeben.

Werte aus Mengel 1968

Art	Fettgehalt % des Frischgewichts
Erbse	2
Erdnuß	45
Gerste	2
Hafer	5
Lein	40
Mais	4,8
Mohn	45
Olive	20
Olive (Fruchtfleisch)	53
Raps	42
Sojabohne	36
Sonnenblume (geschält)	50
Weizen	1,7

Tabelle 2.5.5: Rohprotein-Gehalt von einigen Samen und Früchten

Der Größe nach geordnet.

Aus MENGEL 1968

Art	%
Reis	6,9
Mais	9,6
Gerste	9,7
Hafer	10,7
Hirse	12,7
Lein	22,5
Erbse	23,2
Pferdebohne	25,3
Wicke	25,9
Gelbe Lupine	38,3

Tabelle 2.5.6: Inhaltsstoffe von Knollenfrüchten

Angegeben ist die Menge in 100 g eßbarem Anteil (Mittelwerte).

Aus SOUCI, FACHMANN u. KRAUT 1982

	Batate	Maniok	Yams	Kartoffeln
Wasser	69,20 g	65,00 g	72,00 g	77,80 g
Eiweiß	1,63 g	0,90 g	1,79 g	2,00 g
Fett	0,60 g	0,35 g	0,24 g	0,15 g
Kohlenhydrate	26,60 g	32,00 g	23,77 g	18,90 g
Rohfaser	0,90 g	0,80 g	0,71 g	0,78 g
Mineralstoffe	1,12 g	0,40 g	1,00 g	1,10 g
Vitamin B_1	0,064 mg	0,07 mg	–	0,11 mg
Vitamin B_2	0,05 mg	–	–	0,051 mg
Nicotinamid	0,60 mg	–	–	1,22 mg
Vitamin C	17,0 mg	25,0 mg	–	15,0 mg

Tabelle 2.5.7: Zuckergehalt im Nektar einiger Pflanzen

Nach SPECTOR 1956

Pflanze	Zuckergehalt in g pro 100 cm^3 Nektar	Zuckerbildung pro Blüte und 24 Stunden in mg
Apfelbaum	75	0,8
Birnbaum	16	0,3
Borretsch	22 –29	
Brombeere	15,4–45	
Efeu	10 –11,5	
Feuerkraut	18,4–41	
Gurke	30	1,0
Himbeere	46	7,6
Hundszunge	36	0,3
Jasmin	33	0,3
Kapuzinerkresse	46	1,7
Kürbis	28	28
Lavendel	24 –32	
Linde	21 –42	
Löwenmäulchen	45	1,5
Luzerne	33	0,1
Raps	47	0,5
Robinie	55	1,0
Roßkastanie	69	1,1
Rotklee	8,3–30	
Sauerkirsche	15	1,2
Senf, Weißer	9,3–17,6	
Sonnenblume	38	0,3
Steinklee, Weißer	36	0,04
Süßkirsche	21	0,5
Taubnessel, Weiße	46	1,7
Weißklee	25 –39	

Tabelle 2.5.8: Energiegehalt von Pflanzenmaterial

In kcal (kJ) pro g Trockengewicht. Die Angaben sind Mittelwerte.

Aus MÜHLENBERG 1976, verändert

Blätter	4,2 kcal (17,6 kJ)
Stengel und Stämme	4,3 kcal (18,0 kJ)
Wurzeln	4,7 kcal (19,7 kJ)
Samen	5,1 kcal (21,3 kJ)
Streu	4,3 kcal (18,0 kJ)

2.6 Physiologische Werte

Tabelle 2.6.1: Geschwindigkeit der Plasmaströmung in verschiedenen Organen von Pflanzen

Siehe auch Tabelle 5.6.

Nach Oppenheimer u. Pincussen 1927

Pflanze	Zelle	Geschwindigkeit in µm/sec
Bilsenkraut	Haar	12
Brennessel	Haar	6
Froschbiß	Wurzelhaar	9,5
Hornkraut	Blatt	1,5
Kürbis	Haar	8,3–10
Nitella flexilis	Internodium	27,1
Pfeilkraut	Blatt	2,9
Phycomyces nitens	Hyphen	55
Schimmelpilz (Mucor)	Hyphen	55
Tradescantie	Staubfadenhaar	10,8–13,8
Vallisneria spiralis	Blatt	12 –26
Wasserpest	Blatt	15,4
Zwiebel	Epidermis der Zwiebelschuppe	7 – 8

Tabelle 2.6.2: Osmotischer Druck im Zellsaft von Blättern verschiedener Pflanzen

Werte für ganze Pflanzen siehe Tabelle 2.6.3.

Nach Altman u. Dittmer 1966, Spector 1956

Pflanze	Osm. Druck in Atm	(in hPa)	Pflanze	Osm. Druck in Atm	(in hPa)
Akazie	18–35	(18 239–35 464)	Gerste	7,2	(7 295)
Apfelbaum	24–27	(24 318–27 358)	Gipskraut	15 –70	(15 199–70 928)
Birke	12–23	(12 159–23 305)	Gummibaum	7,9– 9,9	(8 005–10 031)
Efeu	12–25	(12 159–25 331)	Hafer	9,4–15,8	(9 525–16 009)
Esche	15–22,5	(15 199–22 798)	Hainbuche	17,7–24,3	(17 935–24 622)
Feige	14,6	(14 793)	Haselwurz	9,0	(9 119)
Futterrübe	11,3	(11 450)	Karotte	13,2–16,7	(13 375–16 921)

Fortsetzung →

Pflanze	Osm. Druck in Atm	(in hPa)	Pflanze	Osm. Druck in Atm	(in hPa)
Kartoffel	5,2– 9,3	(5269–9423)	Sode (Sueda)	130	(131723)
Kiefer	16,1	(16313)	Sonnenblume	8,6– 16,4	(8714–16617)
Kürbis	7,5– 9,8	(7599–9930)	Stechpalme	15,5– 19,5	(15705–19758)
Lärche	13,3– 21,3	(13476–21582)	Steineiche	9,8– 20,1	(9930–20366)
Luzerne	16,3– 24,1	(16516–24419)	Strandhafer	13,8– 40,0	(13983–40530)
Mais	5,7– 16,2	(5776–16415)	Tabak	7,7– 19,0	(7802–19252)
Mangrove	30	(30398)	Tanne	17,1– 22,3	(17327–22595)
Mistel	25 – 30	(25331–30398)	Tomate	9,5– 14,4	(9626–14591)
Nieswurz	23,8	(24115)	Wasserpest	6,7	(6789)
Pappel	17,8	(18036)	Wein	9,3– 23,1	(9423–23406)
Pfirsich	25 – 35	(25331–35464)	Weizen	9,6– 28,0	(9727–28371)
Queller	30,9–113	(31309–114497)	Zwiebel	9,2– 11,6	(9322–11754)
Rohrkolben	18,1– 20,8	(18340–21076)			

Tabelle 2.6.3: Osmotische Werte in Pflanzen

Sofern nicht anders angegeben, ist der Wert für die ganze Pflanze gemeint. Werte für Blätter siehe Tabelle 2.6.2. Der Größe nach geordnet.

Nach Altman u. Dittmer 1966, Gessner 1942, Madle 1967, Walter 1962

Pflanze	Osmotischer Druck in Atm	(in hPa)
Wasserpflanzen	1 – 3	1013–3040
Sukkulenten	5 – 7	5066–7093
Kartoffel, Knolle	7	7093
Tausendblatt	8	8106
Tomate, Frucht	9	9119
Sumpfpflanzen	9 –14	9119–14186
Kartoffel, Sproß	10	10133
Getreide	10 –17	10133–17225
Laichkraut	11	11146
Alge (Spirogyra)	11,1–12,4	11247–12564
Wasserpest	11,5	11652
Zitrone	14	14186
Zuckerrübe, Wurzel	14 –21	14186–21278
Nadelbäume, Nadeln	16 –22	16212–22292
Apfel, Frucht	18 –23	18239–23305
Wüstenxerophyten	20 –40	20265–40530
Flieder, obere Epidermis	23,4	23710
Rotalge (Ceramium)	35 –37	35464–37490

Pflanze	Osm. Druck in Atm	(in hPa)
Meersalat (Alge)	37 –46	(37490–46610)
Weinrebe, Frucht	38	(38504)
Sargassum-Tang	39 –42	(39517–42557)
Zuckertang (Laminaria)	50 –55	(50663–55729)
Hügelfingerkraut	73,8	(74778)
Echter Gamander	83	(84100)
Halophyten (Salzpflanzen)	>100	(> 101325)

Tabelle 2.6.4: Säuregrad im Preßsaft von Früchten und Gemüsen

Nach SPECTOR 1956, WALTER 1962

Art	Säuregrad	Art	Säuregrad
Ananas	pH 4,4	Preißelbeere	pH 2,4
Apfel	pH 3,4	Rhabarber	pH 3,2
Brombeere	pH 2,7	Sellerie	pH 5,2
Grapefruit	pH 3,0	Tomate	pH 4,4
Kartoffel	pH 5,6	Weiße Rüben	pH 5,8
Orange, unreif	pH 2,9	Zitrone	pH 2,4
Orange, reif	pH 3,8	Zwiebel	pH 4,3

Tabelle 2.6.5: Temperaturtoleranzen von Pflanzen

Die Temperaturtoleranzen variieren mit der Adaptationstemperatur. Exemplare aus kälteren Gegenden haben eine höhere Toleranz gegenüber tiefen und eine geringere Toleranz gegenüber höheren Temperaturen. Entsprechend umgekehrte Verhältnisse gelten für Exemplare aus warmen Gegenden. Die Werte sind weiterhin stark abhängig vom Wassergehalt der Pflanze und vom jeweils untersuchten Pflanzenorgan.

Werte nach verschiedenen Autoren aus ALTMAN u. DITTMER 1973

Art	Min. in °C	Max. in °C
Algen		
Oscillatoria filiformis	59	83
Schraubenalge	– 7	40
Chlamydomonas nivalis	–36	4

Fortsetzung →

Art	Min. in °C	Max. in °C
Meersalat (Ulva)	− 8	30
Zuckertang	− 4	24
Blasentang	−20	41,9
marine Rotalgen	− 2 bis +3	32–35
Flechten		
Rentierflechte	−196	
Lungenflechte	−196	73
Moose		
Bryum spec.	− 7	42
Plagiothecium curvifolium		60–75
Frullania dilatata		70–75
Farne		
Adlerfarn (Rhizome)	− 2,5	
Tüpfelfarn	−18,1	48,5
Hirschzunge	−14,8	47,5
Samenpflanzen		
Eibe (Sommer)	− 4	50,5
Eibe (Winter)	−40	47,5
Erle, Knospen	−28	
Erle, Blätter	− 3	
Esche, Knospen	−27	
Esche, Blätter	− 2	
Feldahorn, Knospen	−23	
Feldahorn, Blätter	− 2,5	
Fichte (Sommer)	− 8 bis −3,5	42,5
Fichte (Winter)	−38	40,5
Gerste	−15 bis −10	
Glockenheide	−20	50,5
Hafer	−12 bis −9	
Roggen	−25 bis −15	
Rotbuche, Knospen	−22	
Rotbuche, Blätter	− 2,5	
Sauerklee	−11,5	40,5
Wasserpest		39–39,5
Weißtanne (Sommer)	− 4	46
Weizen	−22 bis −10	
Zirbelkiefer (Sommer)	−10	
Zirbelkiefer (Winter)	−40	

Tabelle 2.6.6: Größe der jährlichen Verdunstung einiger Pflanzen

Weitere Angaben zur Verdunstung von Pflanzen siehe Tabelle 2.6.7 und Tabelle 2.6.8. Die Angaben sind Durchschnittswerte. Nach MADLE 1967

Pflanze	Größe der jährlichen Verdunstung
1 Maispflanze	100 –180 l
1 ha Getreide	1,5– 2,5 Mio l
1 ha Buchenwald	3,6 Mio l
1 ha Fichtenwald	3,2– 3,9 Mio l
1 ha Kiefernwald	1,6– 2,7 Mio l

Tabelle 2.6.7: Transpirationsgrößen von Pflanzen

Angabe der Transpiration (cuticuläre + stomatäre) in mg H_2O pro 100 cm^2 Blattoberfläche und Stunde. Werte der cuticulären Transpiration siehe Tabelle 2.6.8. Die Verdunstung ist von vielen Außenfaktoren abhängig, so von der Temperatur (T), der Bodenfeuchte (BF), der relativen Feuchte der Luft (RF), dem Licht und den Windverhältnissen. Sofern diese Größen bekannt waren, sind sie unter Außenbedingungen angegeben. Werte aus ALTMAN u. DITTMER 1974

Art	Wasserverlust mg/100 cm^2/Std	Außenbedingungen
Ananas	140	T = 25 °C
Banane	1100	T = 25 °C, RF = 32 %
Bohne	450	T = 30 °C, RF = 35 %
Gerste	958	BF = 15 %
Hafer	1542	BF = 15 %
Hirse	42	T = 30 °C
Sonnenblume	576	T = 30 °C, RF = 35 %
Wein	473	T = 20 °C
Weizen	84	T = 30 °C

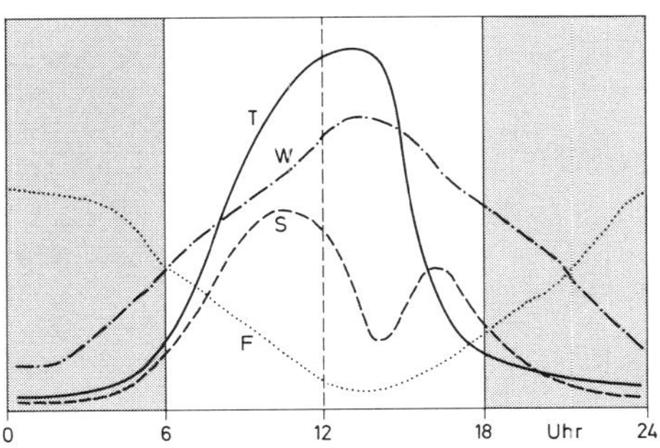

Abb. 2.6.7: Tagesgang der Transpiration (schematisch) einer Pflanze. Siehe auch Tabelle 2.6.7. T = Transpiration, S = Spaltöffungsweite, W = Lufttemperatur, F = Luftfeuchtigkeit. Aus SCHMEIL und SEYBOLD 1958.

Tabelle 2.6.8: Cuticuläre Transpiration bei verschiedenen Pflanzen

Werte unter Standardbedingungen erzielt. Angaben in mg Wasser pro Stunde und g Frischgewicht. Der Größe der Transpiration nach geordnet.

Werte aus PISEK u. BERGER 1938

Art	Cuticuläre Transpiration in mg/Std/g Frischgewicht
Rührmichnichtan	130
Lungenkraut	71
Sumpfdotterblume	56,5
Hain-Sternmiere	56
Bachbunge	55
Hasel	47
Aufrechter Ziest	33,5
Bunte Kronwicke	33
Ackerwinde	25
Hänge-Birke	25
Rotbuche	25
Eiche	24,5
Haselwurz	24
Rostblättrige Alpenrose	7,25
Große Fetthenne	5,1
Bärentraube	5,0
Efeu	3,1
Fichte	1,58
Kiefer	1,53
Feigenkaktus	0,12

Tabelle 2.6.9: Wasserverbrauch von Pflanzen für die Bildung von 1 kg Trockenmasse (sog. Transpirationskoeffizient)

Angaben zur Verdunstung siehe auch Tabelle 2.6.6–2.6.8.

Nach BERTELSMANN 1979, MADLE 1967, MENGEL 1968, WALTER 1962

Art	Liter	Art	Liter
Ackersenf	910	Lein	780
Bohne	625	Luzerne	900
Buche	400	Mais	300–400
Fichte	300	Roggen	400–700
Gemüse	800	Rotklee	700–800
Gerste	530	Sonnenblume	570
Hafer	400–600	Weizen	450–600
Kartoffel	300–600	Zuckerrübe	400–440
Kiefer	160		

Tabelle 2.6.10: Wasserleitfähigkeit von Hölzern

Angegeben ist die Wassermenge, die unter genormten experimentellen Bedingungen (15 cm langer Abschnitt, 30 mm Hg Druck) pro cm^2 durch einen Sproßabschnitt fließen kann. Da die experimentellen Bedingungen nicht den natürlichen entsprechen, sind die Werte nur relativ zu vergleichen. Werte der Größe nach geordnet. Zur Größe der Gefäße siehe auch Tabelle 2.2.2.

Nach Farner 1918

Art	Wasserleitfähigkeit	Art	Wasserleitfähigkeit
Mäusedorn	1	Feldahorn	45
Seidelbast	6,5	Apfel	45
Baumheide	8	Pfaffenhütchen	47
Kirschlorbeer	10	Birke	51
Eibe	12	Efeu	60
Lärche	14,5	Rotbuche	65
Besenginster	25	Eiche	75
Haselnuß	31	Espe	81
Liguster	37	Korbweide	95
Weißdorn	44		

Tabelle 2.6.11: Geschwindigkeit der Wasserleitung in Pflanzen

Die Geschwindigkeit ist abhängig vom Querdurchmesser der Leitungsbahnen, siehe dazu Tabelle 2.2.2.

Nach Gessner 1942, Kaussmann 1963, Kremer 1980, Meyer 1964, Ziegler 1977

Art	m/Std
Tang (Macrocystis)	0,65–0,78
Nadelhölzer	1,50
Roßkastanie	0,80
Rotbuche	1,07
Hainbuche	1,25
Birke	1,60
Erle	2,00
Ahorn	2,40
Ölbaum	2,40
Weide	3,00
Linde	3,43
Walnuß	4,12
Ulme	6,00
Esche	25,70
Robinie	28,80
Eiche	43,60
Lianen	150,00

Tabelle 2.6.12: Atmungsrate einiger niederer Pflanzen

Angaben in mm^3 O_2 pro g Trocken- bzw. Frischgewicht und Stunde. Atmungsraten von Samenpflanzen siehe Tabelle 2.6.13, die von Bakterien und Pilzen Tabelle 3.6.

Werte aus ALTMAN u. DITTMER 1974

Art	O_2-Verbrauch in mm^3 pro Stunde und 1 g Frischgewicht	1 g Trockengewicht
Algen		
Blasentang	200	
Cladophora	330	
Meersalat (Ulva)		810
Sägetang (Fucus serratus)	190	
Sargassum-Tang		24
Rotalge (Delesseria)		41
Moose		
Hypnum cupressiforme	300	
Riccia fluitans	3000	
Torfmoos		71
Flechten		
Isländisch Moos		48
Lobaria linita		72
Parmelia acetabulum		31
Rentierflechte		85

Tabelle 2.6.13: Atmungsgrößen von Pflanzen und Pflanzenteilen

Angaben in mm^3 O_2 pro g Frisch- bzw. Trockengewicht und Stunde. Die Werte sind nicht immer vergleichbar, da eine starke Abhängigkeit der Atmungsgröße von der Temperatur, der Feuchtigkeit und dem Zustand der Pflanze besteht.
Werte für niedere Pflanzen siehe Tabelle 2.6.12, für Bakterien und Pilze Tabelle 3.6.

Angaben nach ALTMAN u. DITTMER 1974, STEWARD 1960, STILES u. COCKING 1974

Art und Organ	O_2-Verbrauch in mm^3 O_2 pro Std und 1 g Frischgewicht	1 g Trockengewicht
Ananas, Frucht	30	
Apfel, Frucht	20–35	
Aronstab, Sprosse	15600–31800	
Bohne, ganze Pflanze	96,6	
Bohne, Blatt	260–570	
Erbse, Blatt		4300

Art und Organ	O_2-Verbrauch in mm^3 O_2 pro Std und 1 g Frischgewicht	1 g Trockengewicht
Fichte, ganze Pflanze	44,1	
Gerste, Samen	0,06	0,05
Gerste, Blätter	266	
Hafer, Samen		0,2
Karotte, Wurzel	25–30	
Karotte, junge Blätter	1133	
Kartoffel, Knolle	33	
Lein, Samen		0,3
Lieschgras, Blatt		1240
Lilie, Blüte		12670
Mais, Samen		2,4
Roggen, Samen		0,02
Runkelrübe, Wurzel	9	
Schneeglöckchen, ganze Pflanze	77,6	
Spinat, Blatt	620	
Tabak, ganze Pflanze	77	
Tabak, Blatt		3300
Tanne, Sproß	250	
Tomate, Blatt		3900
Tulpe, Blüte		3000
Wasserpest, Sproß	900	
Weizen, ganze Pflanze	291	
Weizen, Samen		0,05
Zwiebel, Wurzel	11400	

Tabelle 2.6.14: Zucker- und Stärkebildung während der Photosynthese

Werte unter optimalen Bedingungen pro 1 m^2 Blattfläche und Stunde.

Aus MEYER 1964

Art	Photosyntheseleistung Zucker	Stärke
Ampfer		2,215 g
Aronstab	1,004 g	
Herbstzeitlose	1,217 g	
Lauch	1,193 g	
Seerose		2,273 g
Sonnenblume		1,823 g
Tabak		1,378 g
Tulpe	1,267 g	

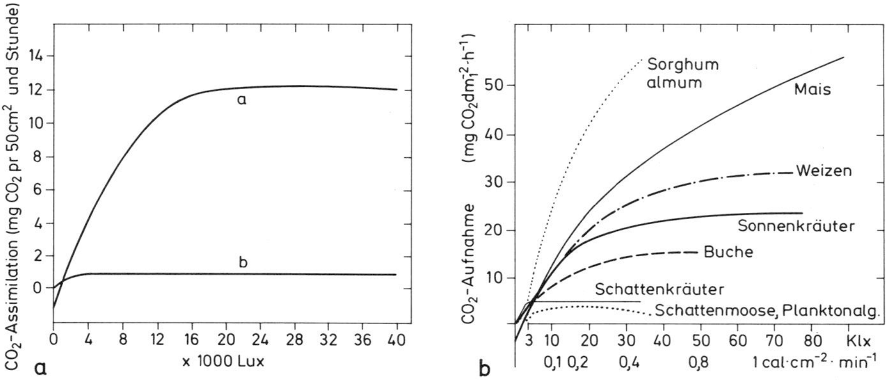

Abb. 2.6.14a: Abhängigkeit der Photosyntheseleistung an Blättern von der Beleuchtungsstärke. a) Sonnenblatt vom weißen Senf, b) Schattenblatt vom Sauerklee. Siehe auch Tabelle 2.6.14. Aus GUTTENBERG 1963, S. 503.
b: Abhängigkeit der Nettophotosynthese von der Belichtung bei verschiedenen Pflanzen. Aus LARCHER 1976, S. 62.

Tabelle 2.6.15: Jährliche Photosyntheseleistung und Kohlenstoffumsatz auf der Erde

Angaben aus JENSEN u. SALISBURY 1972, LIBBERT 1979

	Fläche in 10^6 km²	Netto-Primär-Produktion in 10^{12} kg pro Jahr	Produktion von organ. Kohlenstoff in 10^{12} kg pro Jahr	Verbrauch an CO_2 in 10^{12} kg pro Jahr	Energiespeicherung in 10^{12} kJ pro Jahr
Ozeane	361	55,0	25,0	92	1,0
Land, insges.	149	108,0	50,0	183	2,0
davon:					
Flüsse und Seen	2	1,0			
Sümpfe, Moore, Marschen	2	4,0			
Tropische Wälder	20	40,0			
Wälder gem. Zonen	18	23,4			
Taiga	12	9,6			
Buschland (Macchien, Latschenregion u. ä.)	7	4,2			
Tropische Savannen	15	10,5			
Grasland gem. Zonen	9	4,5			
Tundren	8	1,1			
Wüsten	18	1,3			
Fels, Eis	24	0,07			
Kulturland	14	9,1			

	Fläche in $10^6\,km^2$	Netto-Primär-Produktion in 10^{12} kg pro Jahr	Produktion von organ. Kohlenstoff in 10^{12} kg pro Jahr	Verbrauch an CO_2 in 10^{12} kg pro Jahr	Energiespeicherung in 10^{12} kJ pro Jahr
Erde insgesamt	510	165	75	275	3,0

Tabelle 2.6.16: Geschwindigkeit der Drehbewegung windender Pflanzen

Angegeben ist die Zeit, die eine Windepflanze bei Suchbewegungen für einen vollen Kreis benötigt. Der Dauer nach geordnet.

Werte nach KERNER v. MARILAUN 1896, STILES u. COCKING 1969

Art	Stunden pro Runde
Roxburghia viridifolia	24
Lapagerie (Lapageria rosea)	14
Jasmin (Jasminum pauciflorum)	7
Farn (Lygodium scandens)	6
Glycine (Wistaria sinensis)	3
Mäusedorn (Ruscus androgynus)	3
Schmerwurz (Tamus communis)	3
Hopfen	2
Feuerbohne	2
Zaunwinde	2
Weinstock	1

Tabelle 2.6.17: Größe des Ruhepotentials von Pflanzenzellen und Konzentration der Kalium-Ionen an der Membran (Plasmalemma)

Werte tierischer Zellen siehe Tab. 1.10.5 und Tab. 1.10.6.

Werte aus ALTMAN u. DITTMER 1973

Art	Ruhepotential in mV	K^+-Ionen-Konzentration in mmol außen	innen
Chara corallina	−140	0,2	120
Enteromorpha intestinalis	− 42	11	450
Nitella translucens	−138	0,1	119
Valonia ventricosa	− 71	11	434
Hydrodyction africanum	−116	0,1	93

Tabelle 2.6.18: Erregungsleitungsgeschwindigkeit bei einigen Pflanzen

Entsprechende Werte für Tiere siehe Tabelle 1.10.7. Zur Erregungsleitung und Erregungsbildung bei Pflanzen siehe auch STRASBURGER 1983.

Angaben nach GESSNER 1942, STRASBURGER 1983

Art und Organ	Erregungsleitungsgeschwindigkeit
Nitella, Internodalzelle	2,3 cm/sec
Mimose, prim. Blattstiel	0,4–3 cm/sec
	max. 10 cm/sec
Venusfliegenfalle, Blatt	6–20 cm/sec
Wasserfalle (Aldrovanda), Blatt	6–20 cm/sec

Tabelle 2.6.19: Absorptionsmaxima pflanzlicher Pigmente

Angaben in nm der Wellenlänge. Da die Absorption auch von dem jeweiligen Lösungsmittel abhängt, ist dieses ebenfalls angegeben. Die Wellenlänge mit der Hauptabsorption ist unterstrichen. Werte nach SPECTOR 1956

Pigment	Absorptions-Maxima in nm	Lösungsmittel
Phycoerythrin	576	saure $CHCl_3$
Phycocyanin	630	saure $CHCl_3$
β-Carotin	497, 466	Chloroform
Xanthophyll	487, 456, 428	Chloroform
Flavon	298, 250	Ethanol
Chlorophyll a	<u>660</u>, 617, 575, 430, 410	Äther
Chlorophyll b	<u>640</u>, 595, 535, <u>455</u>	Äther
Chlorophyll c	<u>627</u>, <u>597,5</u>, 545, 446	Äther
Chlorophyll d	<u>686</u>, 645, 595, 545, <u>445</u>, 390	Äther
Protochlorophyll	<u>623</u>, 571, 535, 432	Äther

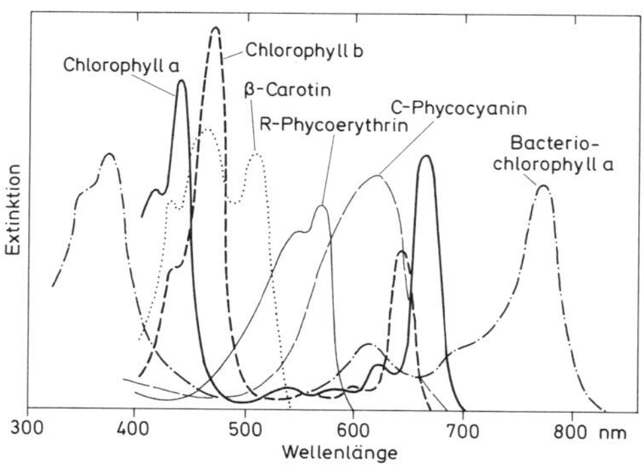

Abb. 2.6.19: Absorptionsspektren einiger wichtiger biologischer Pigmente. Nach Libbert.
Aus STRASBURGER 1983, S. 233.

Teil 3: Mikrobiologie

Tabelle 3.1: Größe und Bau von Viren

Der Begriff Virion ist die neuere Bezeichnung für das infektiöse Virus-Partikel; unter Kapsomer versteht man die morphologische Untereinheit, welche die Kapsel bildet, die die Nukleinsäure umhüllt. Das AIDS auslösende Virus gehört zu den Retroviren. Angaben zur Größe von Bakterien siehe Tabelle 3.2.

Werte nach GRAFE 1977, LASKIN u. LECHEVALIER 1973, OTTE u. BRANDIS 1978, RIESNER 1979, WEIDE u. AURICH 1979

Virusgruppe	Durchmesser des Virions in nm	Zahl der Kapsomere	Molekulargewicht des Genoms $\times 10^6$
Adenoviren	70– 90	252	20– 30
Arenaviren	50–300		3,2– 5,6
Bakteriophage λ	54		33
Coronaviren	80–160		9
Herpesviren	160–200	162	92–102
Iridoviren	130		130
Orthomixoviren	80–120		6
Papovaviren	45– 55	72	3– 5
Paramyxoviren	150–300		5– 8
Parvoviren	16– 26	32 ?	1,5– 2,2
Picornaviren	20– 30	32 ?	2,5
Pockenviren	170–260 ×300–450		130–240
Reoviren	60– 80	92 ?	15
Retroviren	80–120		7– 10
Rhabdoviren	70 ×130–300		3,5– 4,5
Togaviren	40– 70	32	3– 4
Viroid	40 ×2		0,12

Tabelle 3.2: Abmessungen von Bakterien

Werte für Viren siehe Tabelle 3.1. Angaben nach Kunstýr et coll. 1988, OTTE u. BRANDIS 1978, SCHLEGEL 1976

Art	Länge in µm	Breite in µm
Bacillus anthracis	3–10	1–1,5
Bacillus megatherium	5	2
Bordetella petrussis	0,5–1	0,3–0,5
Brucella-Arten	0,6–1,5	0,5–0,7
Corynebacterium diphtheriae	0,2	
Clostridium botulinum	2–10	0,5–1,0
Clostridium tetani	2,4–5,0	0,5–1,1
Enterobacterien	2–3	0,5–1,0

Fortsetzung →

Art	Länge in µm	Breite in µm
Francisella tularensis	0,2–0,7	
Haemophilus influenzae	0,3–0,5	
Leptospiren	7–25	0,12
Leptotricha buccalis	5–15	1,0–1,5
Metabacterium criceti	20	4
Micrococcus	0,2	
Mycobacterium tuberculosis	3,0	0,4
Mycoplasmen	0,3–0,8	
Neisseria gonorrhoeae	0,8	
Pseudomonas-Arten	0,5–1,0	1,5–4,0
Rickettsien	1,0–2,0	0,3–0,7
Spirochaeten	30–500	
Staphylococcus	0,8–1,0	
Streptococcus pneumoniae	0,8–1,0	
Vibrio cholerae	1,5–3,0	0,5

Tabelle 3.3: Generationsdauer einiger Bakterien

Unter der Generationsdauer wird bei Bakterien die Zeit von einer Zellteilung bis zur nächsten verstanden. Da sie von der jeweiligen Temperatur stark abhängig ist, wird diese hier ebenfalls angegeben. Die stellenweise großen Spannen ergeben sich auch dadurch, daß die Generationsdauer vom jeweiligen Kulturmedium abhängen kann.

Werte nach ALTMAN u. DITTMER 1972, SPECTOR 1956

Bakterien-Art	Temperatur °C	Gen.-Dauer in Min
Bacillus cereus	37	18,8
Bacillus subtilis	36	35
Clostridium botulinum	37	35
Diplococcus pneumoniae, Typ I	37	20,5–29
Diplococcus pneumoniae, Typ II	37	23 –33
Escherichia coli	37	12,5–17
Lactobacillus acidophilus	37	60 –87
Proteus vulgaris	37	21,5–46
Pseudomonas aeruginosa	37	31 –34
Rhizobium leguminosarum	25	79 –187
Salmonella typhimurium	37	24 –35
Salmonella typhosa	37	23,5–33
Serratia marcescens	35	28
Staphylococcus aureus	37	27 –32
Streptococcus lactis	37	26 –37
Vibrio cholerae	37	21,2–38

Tabelle 3.4: pH-Bereiche für das Wachstum von Bakterien und Pilzen

Werte aus Thimann 1964

	Optimum	Minimum	Maximum
Bakterien, Kokken			
Diplococcus pneumoniae	7,8	7,0	8,3
Neisseria meningitidis	7,4	6,1	7,8
Neisseria gonorrhoeae	7,3	5,8	8,3
Streptococcus pyogenes	7,8	4,5	9,2
Bakterien, Stäbchen			
Agrobacterium tumefaciens		5,7	9,2
Azotobacter chroococcum	7,4–7,6	5,8	
Bacillus subtilis	6,0–7,5	4,5	8,5
Clostridium tetanis	7,0–7,6	5,5	8,3
Escherichia coli	6,0–7,0	4,3	9,5
Mycobacterium tuberculosis	6,8–7,7	5,0	8,4
Pasteurella pestis	6,2–7,0	5,0	8,2
Proteus vulgaris	6,5	4,4	9,2
Salmonella parathyphosum	6,2–7,2	4,0	9,6
Salmonella typhosum	6,8–7,2	4,0	9,6
Serratia marcescens	6,0–7,0	4,6	8,0
Vibrio cholerae	7,0–7,4	5,6	9,6
Pilze			
Fusarium oxysporium		1,8	11,1
Mucor glomerula		3,2	9,2
Penicillium variabile		1,9	9,3
Pilobolus kleinii		6,2	10,1
Saccharomyces cerevisiae	4,0–5,0	2,4	

Tabelle 3.5: Lethaltemperaturen für einige Mikroorganismen

Angegeben ist neben der Temperatur auch die Zeit, die für das Abtöten des betreffenden Organismus nötig ist. Angaben für Viren siehe Tabelle 3.6.

Werte aus Altman u. Dittmer 1973, Schlegel 1976

Mikroorganismus	Temperatur für das Abtöten in °C	Dauer in Min
Bakterien		
Aerobacter aerogenes	55	30
Bacillus anthracis, veg. Form	60	30

Fortsetzung →

Mikroorganismus	Temperatur für das Abtöten in °C	Dauer in Min
Bacillus anthracis, Sporen	100	5–10
Bacillus subtilis, veg. Form	95	36
Bacillus subtilis, Sporen	100	15–20
Clostridium botulinum, Sporen	120	5
Clostridium tetani, veg. Form	105	3–25
Clostridium tetani, Sporen	105	3–25
Diplococcus pneumoniae	55	20
Escherichia coli	60	15
Lactobacillus thermophilus	71	30
Mycobacterium tuberculosis	60	15
Neisseria gonorrhoeae	55	< 5
Neisseria meningitidis	55	< 5
Pseudomonas aeruginosa	55	60
Salmonella typhi	60	4,3
Staphylococcus aureus	60	10
Streptococcus pyogenes	55	30
Vibrio cholerae	55	15
Pilze		
Aspergillus niger, Sporen	55	30
Candida albicans	60	10
Fusarium spec.	55	10
Monilia fruticola, Sporen	52	2– 3
Mucor spec.	57,5	30
Penicillium spec.	50–60	30
Saccharomyces cerevisiae	68	30

Tabelle 3.6: Inaktivierungstemperaturen und -Zeiten für einige Viren

Entsprechende Angaben für Bakterien und Pilze siehe Tabelle 3.5.

Werte nach GRAFE 1977

Virus	Inaktivierungs-Temperatur °C	Inaktivierungs-Dauer Min
Adenoviren	50	20
Gelbfiebervirus	60	10
Herpes simplex-Virus	50	30
Hühnerpest-Virus	60	10
Influenza-Virus	56	30

Virus	Inaktivierungs-Temperatur °C	Inaktivierungs-Dauer Min
Maul- und Klauenseuche	56	30
Mumps-Virus	55	20
Parvoviren	56	60
Poliomyelitis-Virus	50	30

Tabelle 3.7: Atmungsrate einiger Bakterien und Pilze

Angaben in mm^3 O_2 pro mg Trockengewicht und Stunde. Angaben über Atmungsgrößen niederer Pflanzen siehe Tabelle 2.6.12 und von Samenpflanzen Tabelle 2.6.13.

Werte aus Altman u. Dittmer 1974

Art	O_2-Verbrauch in mm^3 O_2/mg/Std
Bakterien	
Azotobacter chroococcum	2000
Bacillus subtilis	170
Escherichia coli	272
Lactobacillus bulgaricus	34
Leuconostoc spec.	8
Micrococcus aurantiacus	14
Mycobacterium tuberculosis	4
Neisseria meningitidis	56
Pseudomonas aeruginosa	26
Sarcina lutea	18,3
Streptococcus pneumoniae	27
Streptococcus pyogenes	57–63
Pilze	
Aspergillus niger	2,99
Candida albicans	29
Fusarium graminearum	13,6
Monilia fruticola	3,21
Neurospora crassa	29,6
Penicillium	6,5
Puccinia graminis	3
Saccharomyces cerevisiae	47
Saprolegnia	0,75

Tabelle 3.8: Inkubationszeiten einiger wichtiger Infektionskrankheiten

Angaben aus GRAFE 1977, Lexikon der Biologie, OTTE u. BRANDIS 1978, SIEWING 1985

Krankheit	Inkubationszeit
AIDS	2 Wochen–6 Jahre
Amöbenruhr	1 Tag–4 Wochen
Cholera	1– 5 Tage
Diphtherie	2– 5 Tage
Fleckfieber	5–21 Tage
Gelbfieber	3– 6 Tage
Gürtelrose	2– 3 Wochen
Hepatitis epidemica	1– 7 Wochen
Influenza	1– 3 Tage
Keuchhusten	8–15 Tage
Lepra	9 Monate bis einige Jahre
Malaria (M. tropica)	7–12 Tage
Masern	9–14 Tage
Milzbrand	2– 3 Tage
Mumps	18–21 Tage
Pocken	5–14 Tage
Poliomyelitis	7–14 Tage
Röteln	14–21 Tage
Ruhr	2– 7 Tage
Scharlach	2– 7 Tage
Syphilis	14–21 Tage
Tetanus	4–14 Tage
Tollwut	20–60 Tage
Tripper	1– 2 Tage
Typhus	1– 3 Tage
Windpocken	11–21 Tage

Teil 4: Humanbiologie

Einzelwerte für den Menschen finden sich auch in den meisten Tabellen zur Zoologie (Teil 1).

4.1 Allgemeine Werte

Tabelle 4.1.1: Lebensdauer von Zellen in verschiedenen Organen des Menschen

Werte nach KLIMA 1967, RUCKER 1967

Organe	Durchschn. Lebensdauer in Tagen
Magen (Pylorus)	1,8– 1,9
Magen (Cardia)	9,1
Dünndarm	1,3– 1,6
Leber	10 – 20
Dickdarm	10,0
Enddarm	6,2
After	4,3
Luftröhre	47,5
Lunge (Alveolen)	8,1
Weiße Blutkörperchen	1 – 3
Rote Blutkörperchen	120
Harnblase	64
Epidermis:	
Lippen	14,7
Sohlen	19,1
Bauchhaut	19,4
Ohr	34,5
Nervensystem	keine Erneuerung

Tabelle 4.1.2: DNA- und RNA-Gehalt verschiedener Zellen des Menschen

Angaben in pg (Pikogramm = 0,000000001 g) pro Zelle. Für vergleichende tierische Werte siehe Tabelle 5.11.

Werte aus ALTMAN u. DITTMER 1972

Zelle	DNA in pg/Zelle	RNA in pg/Zelle
Knochenmark	0,87	0,69
Gehirn	0,68	2,63
Niere	0,83	1,10
Leber	1,0	2,48
Leukozyten	0,73	0,25
Spermien	0,31	0,24

Tabelle 4.1.3: Zusammensetzung eines Menschen aus den Elementen

Die Angaben beziehen sich auf einen Menschen von 70 kg Körpergewicht. Vergleichende Werte für Tier und Pflanze siehe Tabelle 5.1.

Nach HEIDERMANNS 1957, KLEIBER 1967

Element	Gew.-% ca.	Masse ca.
Sauerstoff (O)	63	44 kg
Kohlenstoff (C)	20	14 kg
Wasserstoff (H)	10	7 kg
Stickstoff (N)	3	2,1 kg
Kalzium (Ca)	1,5	1 kg
Phosphor (P)	1	0,7 kg
Kalium (K)	0,25	170 g
Schwefel (S)	0,2	140 g
Chlor (Cl)	0,1	70 g
Natrium (Na)	0,1	70 g
Magnesium (Mg)	0,04	30 g
Eisen (Fe)	0,004	3 g
Kupfer (Cu)	0,0005	300 mg
Mangan (Mn)	0,0002	100 mg
Jod (J)	0,00004	30 mg

Tabelle 4.1.4: Zusammensetzung des Körpers eines erwachsenen Menschen

Die Zusammensetzung aus den Elementen siehe Tabelle 4.1.3, ein Vergleich zwischen Mann und Frau findet sich in Tabelle 4.1.5.

Werte nach MITCHELL 1945

	% des Körpergewichts	Wasser %	Fett %	Eiweiß %	Asche %
Haut	7,81	64,68	13,00	22,10	0,68
Skelett	14,84	31,81	17,18	18,93	28,91
Zähne	0,06	5,00	0,0	23,00	70,90
Quergestr. Muskulatur	31,56	79,52	3,35	16,50	0,93
Gehirn, Rückenmark	2,52	73,33	12,68	12,06	1,37
Leber	3,41	71,46	10,35	16,19	0,88
Herz	0,69	73,69	9,26	15,88	0,80
Lungen	4,15	83,74	1,54	13,38	0,95
Milz	0,19	78,69	1,19	17,81	1,13

	% des Körper-gewichts	Wasser %	Fett %	Eiweiß %	Asche %
Nieren	0,51	79,47	4,01	14,69	0,96
Bauchspeicheldrüse	0,16	73,08	13,08	12,69	0,93
Darm	2,07	79,07	6,24	13,19	0,86
Fettgewebe	13,63	50,09	42,44	7,06	0,51
Übrige Gewebe	13,63	70,40	12,39	16,06	1,01
Blut, Lymphe usw.	3,79	93,33	0,17	5,68	0,94
Gesamt:		67,85	12,51	14,39	4,84

Tabelle 4.1.5: Anteil einzelner Gewebe bei der Körperzusammensetzung von Mann und Frau

Aus SCHWIDETZKY 1965

	♀ (%)	♂ (%)
Muskulatur	35,8	41,8
Fett	28,2	18,2
Skelett	15,1	15,9
Drüsen und übrige Gewebe	20,9	24,1

Tabelle 4.1.6: Das Wachstum des menschlichen Keimlings während der Schwangerschaft

Werte aus Documenta Geigy 1975, LANGMANN 1976, MEYER 1964

Alter	Zahl der Urwirbel (Somiten)	Länge Scheitel bis Steiß	Länge Scheitel bis Ferse	Gewicht in g
20 Tage	1– 4			
21 Tage	4– 7	2 mm		
22 Tage	7–10			
23 Tage	10–13			
24 Tage	13–17			
25 Tage	17–20			
26 Tage	20–23			

Fortsetzung →

Alter	Zahl der Urwirbel (Somiten)	Länge Scheitel bis Steiß	Länge Scheitel bis Ferse	Gewicht in g
27 Tage	23–26	4 mm		
28 Tage	26–29			0,02
30 Tage	34–35			
35 Tage	42–44	5– 8 mm		
6 Wochen		10–14 mm		
7 Wochen		17–22 mm	1,9 cm	
8 Wochen		28–30 mm	3,0 cm	1,0
12 Wochen		5,6 cm	7,3 cm	14,0
16 Wochen		11,2 cm	15,7 cm	105,0
20 Wochen		16,0 cm	23,9 cm	310,0
24 Wochen		20,3 cm	29,6 cm	640,0
28 Wochen		24,2 cm	35,5 cm	1080,0
32 Wochen		27,7 cm	40,9 cm	1670,0
36 Wochen		31,3 cm	45,8 cm	2400,0
40 Wochen (Geburt)		35,0 cm	50,0 cm	3300,0

Tabelle 4.1.7: Normalwachstum von Knaben und Mädchen

Werte für Körpergröße und Gewicht. Angegeben ist jeweils der Bereich, in den 80% aller Werte fallen. Der kleinste registrierte erwachsene Mensch war Pauline Musters mit einer Größe von 0,48 m, der größte Mensch R. P. Wadlow mit 2,72 m.

Werte aus Documenta Geigy 1975, SCHMIDT 1984

Alter	Knaben Größe in cm	Knaben Gewicht in kg	Mädchen Größe in cm	Mädchen Gewicht in kg
Geburt	49,0– 52,5	2,80– 3,90	47,0– 52,0	2,70– 3,96
1 Monat	52,5– 56,8	3,57– 4,58	51,4– 55,5	3,44– 4,42
3 Monate	59,0– 63,2	5,40– 6,66	58,0– 61,6	4,89– 6,23
6 Monate	65,1– 71,3	7,00– 8,77	64,0– 69,3	6,53– 8,27
9 Monate	71,0– 75,0	8,30–10,36	68,6– 73,5	7,62– 9,71
1 Jahr	73,4– 79,0	9,17–11,13	72,0– 77,0	8,40–11,05
18 Monate	79,9– 86,0	10,36–12,91	78,5– 85,0	10,15–12,42
2 Jahre	81,7– 92,3	9,7 –15,1	81,4– 91,6	10,1 –13,7
3 Jahre	91,0–101,6	11,9 –17,3	89,6–100,8	11,7 –16,9
4 Jahre	97,9–109,1	14,0 –19,4	96,5–108,1	13,3 –19,3
5 Jahre	104,2–116,2	16,1 –21,7	103,5–114,9	15,2 –21,4
6 Jahre	110,2–122,8	18,0 –24,0	109,4–122,4	16,8 –24,4
7 Jahre	115,8–129,0	19,8 –26,6	115,3–129,5	18,4 –28,6
8 Jahre	121,3–134,7	20,8 –29,8	121,7–134,7	20,7 –32,7

Alter	Knaben Größe in cm	Gewicht in kg	Mädchen Größe in cm	Gewicht in kg
9 Jahre	126,7–139,9	21,7 –33,3	126,5–139,9	22,6 –35,0
10 Jahre	131,2–145,4	23,5 –37,5	130,2–144,8	24,8 –38,2
11 Jahre	134,9–150,5	27,1 –42,9	133,4–150,2	26,4 –43,2
12 Jahre	138,2–155,8	30,6 –48,4	138,7–158,3	29,4 –48,6
13 Jahre	143,3–163,5	34,2 –54,0	144,8–163,4	33,6 –55,0
14 Jahre	150,2–171,0	38,3 –58,9	150,8–165,6	39,4 –60,8
15 Jahre	157,1–176,5	42,5 –63,7	153,8–168,4	44,3 –62,1
16 Jahre	163,3–180,1	47,4 –68,0	155,3–170,5	46,4 –63,8
17 Jahre	166,7–181,9	52,1 –69,5	155,8–171,8	47,7 –65,3

Tabelle 4.1.8: Zahl der Knochen des menschlichen Körpers

Nach Bertelsmann 1979, Meyer 1964, Rucker 1967

Schädel	25
Wirbelsäule	34
Brustkorb	25
Schultergürtel	4
Oberarme	2
Unterarme	4
Handwurzelknochen	16
Mittelhandknochen	10
Finger	28
Becken	6
Oberschenkel	2
Unterschenkel	4
Fußwurzelknochen	14
Mittelfußknochen	10
Zehen	28
Gesamt	212

Tabelle 4.1.9: Größe und Gewicht einiger menschlicher Organe

Durchschnittswerte.

Werte nach BERTELSMANN 1979, MEYER 1964, RUCKER 1967

	Länge	Breite	Umfang	Gewicht
Herz	15 cm	9 cm	25 cm	300 g
Lunge	25 cm			1100–1200 g
Magen (leer)	25–35 cm	12–15 cm		300 g
Leber	30–35 cm	20–25 cm		1200–1700 g
Bauchspeicheldrüse	12–15 cm	8– 9 cm		70– 80 g
Niere	10–12 cm	6– 7 cm		120– 160 g
Gehirn				1200–1500 g
Augapfel	2,4 cm	2,4 cm	7,4 cm	7,4 g

Tabelle 4.1.10: Spezifisches Gewicht von Organen des Menschen

Werte aus OPPENHEIMER u. PINCUSSEN 1925

Organ	Spez. Gewicht
Knochen	1,936
Spongiosa	1,825–1,901
Muskulatur	1,058
Nerven	1,035
Gehirn und Rückenmark	1,03
Leber	1,05
Niere	1,05
Fettgewebe	0,924–0,932
Mensch insgesamt	1,027–1,059

Tabelle 4.1.11: Wassergehalt menschlicher Organe und Gewebe

Nach ALTMAN u. DITTMER 1973, BERTELSMANN 1979, HEIDERMANNS 1957, MITCHELL et coll. 1945

Organ / Gewebe	Wassergehalt in %
Gehirn	77
Weiße Substanz	70
Graue Substanz	84
Rückenmark	71
Peripherer Nerv	66
quergestreifte Muskulatur	79,5

Organ / Gewebe	Wassergehalt in %
Haut	64,7
Haare	4,1
Knochen	43,9–55
Zahn, insgesamt	9,2
Zahnschmelz	2,8
Zahnbein	11,1
Knorpel	75
elastisches Gewebe	50
Fettgewebe	15
Leber	71,5
Niere	79,5
Herz	73,7
Milz	78,7
Lunge	83,7
Verdauungstrakt	79,1
Uterus	79,9
Blut	80
Blutkörperchen	65
Linse des Auges	67,6
Sclera	65
Glaskörper	99
Cornea	75–80

Tabelle 4.1.12: Temperaturen einiger Organe und Körperstellen des Menschen

Nach Bertelsmann 1979, Meyer 1964

Lunge	35,2–35,6 °C
Mundhöhle	36,5 °C
Gehörgang	36,7 °C
obere Hohlvene	36,8 °C
Achselhöhle	36,9 °C
Magen	37,0–37,3 °C
Mastdarm	37,2 °C
Gesäßmuskel	37,7 °C
untere Hohlvene	38,1 °C
Gr. Brustmuskel	38,3 °C
Linker Vorhof	38,6 °C
Aorta	38,7 °C
Rechter Vorhof	38,8 °C
Leber	41,3 °C

Tabelle 4.1.13: pH-Werte von Körperflüssigkeiten des Menschen

Die Angaben sind Mittelwerte.

Werte aus Documenta Geigy 1975

Liquor cerebrospinalis	7,349
Synovialflüssigkeit (Kniegelenk)	7,434
Arterielles Blut (Erwachsene)	7,39
Venöses Blut (Erwachsene)	7,398
Lymphe	7,4
Speichel	6,4
Magensaft, Männer	1,92
Magensaft, Frauen	2,59
Galle	7,15–7,5
Fäzes	7,15
Harn	5,7–5,8
Schweiß	4–6,8
Sperma	7,19

4.2 Haut, Hautanhangsgebilde

Tabelle 4.2.1: Die Haut des Menschen in Zahlen

Werte aus Bertelsmann 1979, Documenta Geigy 1975, Meyer 1964, Rucker 1967

Fläche	1,8 m^2
Dicke	bis 9 mm
Gewicht	5,5 kg
Zahl der Zellen	110 000 000 000 (= 6 000 000 pro cm^2)
Zahl der Schweißdrüsen	1 800 000 (= 100 pro cm^2)
Zahl der Talgdrüsen	250 000 (= 15 pro cm^2)
Zahl der Ruffinischen Wärmekörperchen	40 000
Zahl der Krauseschen Kältekörperchen	240 000
Zahl der Vater-Pacinischen Tastkörperchen	40 000
Zahl der Meißnerschen Tastkörperchen	500 000
Zahl der Meckelschen Tastscheiben	60 000 000
Zahl der freien Nervenendigungen	4 000 000

Tabelle 4.2.2: Anzahl der Haare des Menschen

Die Verteilung der Haare am Körper siehe Tabelle 4.2.3.

Nach Bertelsmann 1979, Meyer 1964, Rucker 1967

1. Kopfhaare		
Insgesamt besitzt ein	blonder Mensch	ca. 150 000
	braunhaariger Mensch	ca. 110 000
	schwarzhaariger Mensch	ca. 100 000
	rothaariger Mensch	ca. 90 000 Haare,
dazu kommen	2. Körperhaare	ca. 25 000
	3. Wimpern	ca. 420
	4. Augenbrauen	ca. 600

Tabelle 4.2.3: Anzahl der Haare pro cm^2 an verschiedenen Körperstellen des Menschen

Werte aus BERTELSMANN 1979, MEYER 1964, OPPENHEIMER u. PINCUSSEN 1925

Scheitel	300–320
Hinterhaupt	200–240
Stirn	200–240
Kinn	44
Brust	9
Schamberg	30– 35
Unterarm	24
Handrücken	18
Oberarm	16
Oberschenkel	15
Kniescheibe	22
Unterschenkel, Wade	9

Tabelle 4.2.4: Durchmesser von Haaren (Durchschnittswerte) eines erwachsenen Mannes

Werte nach OPPENHEIMER u. PINCUSSEN 1925

Kopfhaare, insgesamt	0,071 mm
Schläfen	0,066 mm
Kopf-Wirbel	0,067 mm
Stirn-Haare	0,069 mm
Scheitel-Haare	0,075 mm
Nacken-Haare	0,056 mm
Schnurrbart-Haare	0,115 mm
Backenbart-Haare	0,104 mm
Kinnbart-Haare	0,125 mm
Brauen	0,080 mm
Wimpern	0,076 mm
Tasthaare	0,056 mm
Achsel-Haare	0,077 mm
Scham-Haare	0,121 mm

Tabelle 4.2.5: Wachstumsgeschwindigkeit von Haaren und Nägeln

Werte nach Altman u. Dittmer 1972, Bertelsmann 1979

Kopf-Haare	0,35	mm/Tag
Gesichts-Haare	2,1–3,5	mm/Woche
Augenbrauen	0,16	mm/Tag
Achsel-Haare	0,3	mm/Tag
Arm-Haare	1,5	mm/Woche
Oberschenkel-Haare	0,2	mm/Tag
Fingernagel	0,086	mm/Tag
Daumennagel	0,095	mm/Tag
Zehennagel	0,004	mm/Tag
Nagel, große Zehe	0,006	mm/Tag

Tabelle 4.2.6: Zahl der Schweißdrüsen

Angegeben ist die Zahl pro cm^2 Hautfläche an verschiedenen Körperstellen. Die Gesamtzahl der Schweißdrüsen am Körper beträgt ca. 2–2,5 Mio.

Aus Documenta Geigy 1975, Meyer 1964

	Zahl /cm^2
Rücken	55
Gesäß	55
Wangen	75
Bein	80
Fußrücken	125
Unterarm (Rücken)	150
Bauch	155
Brust	155
Unterarm (innen)	160
Stirn	170
Hals	185
Handrücken	200
Fußsohle	350–400
Handteller	375–425
Ellenbeuge	750

4.3 Herz, Kreislauf, Blut

Tabelle 4.3.1: Zahlen zum Herz und Herzschlag des Menschen

Die Angaben sind Mittelwerte. Zeitwerte des Herzschlags siehe Tabelle 4.3.2.

Werte aus Bertelsmann 1979, Bruggaier u. Kallus 1973, Meyer 1964, Rucker 1967

Länge des Herzens	15 cm
Gewicht des Herzens	300 g
Schlagvolumen	70 cm^3
Herzminutenvolumen, in Ruhe	4900 cm^3
Herzminutenvolumen, große Anstrengung	bis 20–30 Liter
Geförderte Blutmenge in 70 Jahren	250 000 000 Liter
Arbeit pro Schlag, linke Kammer	≈ 0,8 J
rechte Kammer	≈ 0,16 J
Tägliche Arbeit des Herzens	≈ 100 000 J
Leistung des Herzens bei jedem Schlag	1/240 kW
Tägliche Leistung des Herzens	425 kW
Zahl der Herzschläge in 70 Jahren	3 000 000 000

Tabelle 4.3.2: Zeitwerte des Herzschlags des Menschen

Werte bei einer Herzfrequenz von 75/Min. Im Vergleich dazu die entsprechenden Daten für die Skelettmuskulatur. Weitere Werte zum Herz siehe Tabelle 4.3.1.

Werte nach Ganong 1972

	Herz in sec	Skelettmuskel in sec
Dauer einer Herzperiode	0,80	–
Dauer der Systole (bzw. Kontraktion)	0,27	0,04
Dauer des Aktionspotentials	0,25	0,005
Dauer der absoluten Refraktärperiode	0,20	0,004
Dauer der relativen Refraktärperiode	0,05	0,003
Dauer der Systole	0,53	–

Tabelle 4.3.3: Das Blutgefäßsystem des Menschen in seinen Abmessungen

Aus Rein u. Schneider 1971, ergänzt

Gefäße	Zahl	Länge cm	Gesamt-länge	Durch-messer mm	Gesamt-Querschnitt cm^2	Gesamt-Oberfläche cm^2	Gesamt-volumen cm^3
Aorta	1	40	40 cm	10	0,8	126	30
Große Arterien	40	20	8 m	3	3,0	754	60
Arterien-Äste	600	10	60 m	1	5,0	1884	50
Arterien-Zweige	1800	1	18 m	0,6	5,0	339	5
Arteriolen	40000000	0,2	80 km	0,02	125	50240	25
Kapillaren	1200000000	0,1	1200 km	0,008	600	301440	60
Venolen	80000000	0,2	160 km	0,03	570	150720	110
Venenzweige	1800	1	18 m	1,5	30	848	30
Venenäste	600	10	60 m	2,4	27	4522	270
Große Venen	40	20	8 m	6,0	11	1507	220
Vena cava	1	40	40 cm	12,5	1,2	157	50

Tabelle 4.3.4: Durchmesser von Blutgefäßen eines erwachsenen Menschen

Werte nach OPPENHEIMER u. PINCUSSEN 1925

Arteria pulmonalis	24 mm
Aorta ascendens	22,4 mm
Aorta renalis	13,3 mm
Carotis comm. dexter	6,7 mm
Subclavia dextra	6,2 mm
Femoralis dextra	6,2 mm
Renalis dextra	5,3 mm
Kapillaren	8 µm

Tabelle 4.3.5: Der Blutdruck an verschiedenen Stellen im Kreislauf des Menschen

In mm Hg. Werte in hPa in Klammern. Blutdruckwerte für Tiere siehe Tabelle 1.6.4.

Nach REIN u. SCHNEIDER 1971

	Systole	Diastole
Aortenwurzel	110 (147)	80 (107)
Aorta descendens	115 (153)	75 (100)
Arteria iliaca	120 (160)	70 (93)
Arteria brachialis	110 (147)	80 (107)
Arteriolen	70–30 (93–40)	
Kapillaren	30–15 (40–20)	
Venen	15– 0 (20– 0)	

Tabelle 4.3.6: Der Blutdruck des Menschen in Abhängigkeit von Alter und Geschlecht

Mittelwerte. In mm Hg. Werte in hPa in Klammern.

Aus Documenta Geigy 1975, verändert

Alter	Frauen		Männer	
Jahre	systolisch	diastolisch	systolisch	diastolisch
1	95 (127)	65 (87)	96 (128)	66 (88)
2	92 (123)	60 (80)	99 (132)	64 (85)
3	100 (133)	64 (85)	100 (133)	67 (88)
5	92 (123)	62 (83)	92 (123)	62 (83)

Alter	Frauen		Männer	
Jahre	systolisch	diastolisch	systolisch	diastolisch
10	103 (137)	70 (93)	103 (137)	69 (92)
12	106 (141)	72 (96)	106 (141)	71 (95)
15	112 (149)	76 (101)	112 (149)	75 (100)
20–24	116 (155)	72 (96)	123 (164)	76 (101)
25–29	117 (156)	74 (99)	125 (167)	78 (104)
30–34	120 (160)	75 (100)	126 (168)	79 (105)
35–39	124 (165)	78 (104)	127 (169)	80 (107)
40–44	127 (169)	80 (107)	129 (172)	81 (108)
45–49	131 (175)	82 (109)	130 (173)	82 (109)
50–54	137 (183)	84 (112)	135 (180)	83 (111)
55–59	139 (185)	84 (112)	138 (184)	84 (112)
60–64	144 (192)	85 (113)	142 (189)	85 (113)
65–69	154 (205)	85 (113)	143 (191)	83 (111)
70–74	159 (212)	85 (113)	145 (193)	82 (109)
75–79	158 (211)	84 (112)	146 (195)	81 (108)
80–84	157 (210)	83 (111)	145 (193)	82 (109)
85–89	154 (205)	82 (109)	145 (193)	79 (105)
90–94	150 (200)	79 (105)	145 (193)	78 (104)

Tabelle 4.3.7: Durchblutung der Organe des Menschen

Die Werte bedeuten cm^3 Blut pro Minute und 100 g Organgewicht. Siehe auch Tabelle 4.3.8.

Werte aus Heidermanns 1957, Kolb 1974

Gehirn	138
Skelettmuskel (Ruhe)	13
Skelettmuskel (Arbeit)	85
Schilddrüse	591
Niere	150
Nebenniere	700
Leber	26
Darm	31

Tabelle 4.3.8: Anteilsmäßige Durchblutung menschlicher Organe

Angegeben ist der jeweilige Anteil des Organs am Herzminutenvolumen in %. Siehe auch Tabelle 4.3.7.

Werte aus BAUER et coll. 1977

	%
Lunge	100
Herz	100
Herzgefäße	5
Gehirn	15
Muskulatur	15
Leber und Darm	35
Nieren	20
Haut und Skelett	10

Tabelle 4.3.9: Zusammensetzung des menschlichen Blutes

Aus Enzyklopädie 1979

	Menge je 100 cm^3 Blut	Menge je 100 g Erythrozyten
Wasser	81 g	63 g
Hämoglobin	15 g	33 g
Gesamteiweiß	19 g	35 g
Gesamtfett	560 mg	600 mg
Neutralfette	135 mg	95 mg
Phosphatide	245 mg	350 mg
Gesamtcholesterin	175 mg	–
Glykogen	5 mg	–
Glukose	90 mg	75 mg
Milchsäure	15 mg	–
Reststickstoff	30 mg	–
Harnstoff	15 mg	–
Kreatin	3,9 mg	8 mg
Kreatinin	0,9 mg	1,8 mg
RNA	64 mg	–
Natrium	190 mg	42 mg
Kalium	190 mg	370 mg
Kalzium	7 mg	2 mg
Magnesium	3,8 mg	6,2 mg
Eisen	48 mg	100 mg

	Menge je 100 cm³ Blut	Menge je 100 g Erythrozyten
Chlorid	290 mg	270 mg
anorg. Phosphat	2,5 mg	4 mg
Gesamtphosphat	35 mg	66 mg
Bikarbonat	220 mg	–

Tabelle 4.3.10: Die wichtigsten Proteine im Blutplasma des Menschen

Molekulargewicht und Konzentration im Plasma.

Nach GANONG 1972, GAUER et coll. 1971, Documenta Geigy 1975, KARLSON 1974

	Mol.-Gew.	Konzentration mg/100 cm³	rel. Konzentr. in % der Proteine
Präalbumin	61000	10– 40	55,3
Albumin	69000	3900–5500	
α_1-Globuline			4,8
saures α_1-Glykoprotein	44000	70– 110	
α_1-Lipoprotein	200000	290– 770	
α_1-Antitrypsin	54000	200– 400	
α_1-Antichymotrypsin	68000	30– 60	
α_2-Globuline			8,2
Coeruloplasmin	132000	15– 60	
α_2-Makroglobulin	720000	150– 350	
Haptoglobin	100000	100– 200	
β-Globuline			11,2
β-Lipoprotein	2400000	220– 740	
Transferrin	80000	200– 400	
β_{1c}-Globulin		80– 140	
Fibrinogen	341000	200– 450	
γ-Globuline			20,5
γ G -Globulin	150000	800–1800	
γ A -Globulin	160000	90– 450	
γ M-Globulin	900000	60– 250	
γ D -Globulin		0,3– 40	

Tabelle 4.3.11: Hämoglobinmenge (Hb) und Zahl der Blutzellen beim Menschen

Genauere Werte für die Weißen Blutkörperchen finden sich in Tabelle 4.3.12.

Nach MERCK 1966

	g Hb pro 100 cm^3 Blut	Rote Blutkörperchen in Mio/mm^3	Weiße Blutkörperchen in Tausend/mm^3	Blutplättchen in Tausend/mm^3
Männer	14–18	4,5–5,5	5– 9	250
Frauen	12–16	4,0–5,0	5– 9	250
Neugeborene	16–26	4,0–6,0	16–22	230
Säuglinge	10–15	4,0–6,0	9–15	280
Kinder	10–15,5	4,5–5,5	8–12	340

Tabelle 4.3.12: Leukozytenzahlen des Menschen

Normalwerte pro mm^3. Die durchschnittliche Lymphozytenzahl nimmt bei Europäern und Amerikanern derzeit ständig zu. Die Ursache ist unbekannt.

Aus MERCK 1966, verändert

	Erwachsene		Kinder		Säuglinge	
Leukozyten pro mm^3	5000–9000		8000–12000		9000–15000	
	absolut	%	absolut	%	absolut	%
Stabkernige Neutrophile	150– 450	3– 5	0–1200	0–10	0– 1500	0–10
Segmentkernige Neutrophile	2500–6300	50–70	2000–7800	25–65	2250– 9700	25–65
Eosinophile	100– 360	2– 4	50– 600	1– 5	90– 1000	1– 7
Basophile	0– 50	0– 1	0– 140	0– 1	0– 300	0– 2
Monozyten	100– 600	2– 6	–1000	1– 6	– 3000	7–25
Lymphozyten	1000–3600	20–40	2000–6000	25–50	1500–10000	20–70

Tabelle 4.3.13: Zusammensetzung von Lymphe und Blutplasma des Menschen im Vergleich

Aus FLOREY 1970

		Blutplasma	Lymphe
Eiweiß	%	6,85	2,61
Zucker	mg/100 cm^3	123	124
Nicht-Eiweiß-Stickstoff	mg/100 cm^3	27,2	27
Harnstoff	mg/100 cm^3	22	23,5
Aminosäure-Stickstoff	mg/100 cm^3	4,9	4,8
Kalzium	mg/100 cm^3	10,4	9,2
Chlorid	mg/100 cm^3	392	413

Tabelle 4.3.14: Prozentuale Verteilung der Blutgruppen bei verschiedenen Völkern

Werte nach BERTELSMANN 1979, MEYER 1964, SCHWIDETZKY 1962

	O	A	B	AB
Deutsche	39,1	43,5	12,5	4,9
Ungarn	35,7	43,3	15,7	5,3
Finnen	34,1	41,0	18,0	6,9
Zigeuner	28,5	26,6	35,3	9,6
Perser	37,9	33,3	22,2	6,6
Eskimos	54,2	38,5	4,8	2,0
Sioux (Nordam. Indianer)	91,0	7,0	2,0	0,0
Navajo (Nordam. Indianer)	72,6	26,9	0,2	0,5
Cayapa (Südam. Indianer)	100,0	0,0	0,0	0,0
Australier	53,2	44,7	2,1	0,0
Buschmänner	56,0	33,9	8,5	1,6
Bantu	63,2	16,4	17,4	3,0
Ainu	17,0	31,8	32,4	18,4
Papua	62,7	18,5	16,7	2,1

4.4 Atmung

Tabelle 4.4.1: Zahlen zur Lunge und Atmung des Menschen

Werte nach MEYER 1964, RUCKER 1967

Länge eines Lungenflügels	25 cm
Gewicht der Lunge	1200 g
Zahl der Lungenbläschen	850000000
Innere Oberfläche	90 m^2
Fassungsvermögen:	
Vitalkapazität	4,1 Liter
Atemzugvolumen	0,5 Liter
Ausatemreservevolumen	1,8 Liter
Einatemreservevolumen	1,8 Liter
Tägliche Sauerstoffaufnahme	700 Liter
Länge der Kapillaren in den Alveolen	13000 m

Tabelle 4.4.2: Vitalkapazität des Menschen in Abhängigkeit von Alter und Geschlecht

Unter Vitalkapazität versteht man das Luftvolumen, das bei maximaler Ein- und Ausatmung bei einem Atemzug bewegt wird. Mittelwerte.

Nach Documenta Geigy 1975

Alter Jahre	Frauen in cm^3	Männer in cm^3
4	717	855
5	959	1001
8	1513	1585
10	1806	2022
12	2217	2357
14–19	3330	4030
20–29	3600	5440
30–39	3460	5030
40–49	3680	4530
50–59	3250	4650
60–64	3140	3860

Tabelle 4.4.3: Durchschnittlicher Luft- und Energieverbrauch eines Erwachsenen bei verschiedenen Tätigkeiten

Angaben jeweils pro Stunde.

Werte nach AURICH 1978

Tätigkeit	Luftbedarf Liter	Energiebedarf kcal (kJ)
Schlafen	280	65 (273)
Liegen	400	77 (323)
Stehen	450	
Gehen	1000	200 (840)
Radfahren	1400	
Schwimmen	2600	500 (2100)
Bergsteigen	3100	1000 (4200)
Rudern	3600	

Tabelle 4.4.4: Veränderung von O_2 und CO_2 während der menschlichen Atmung

Werte aus KEIDEL 1973, REIN u. SCHNEIDER 1971

	O_2 in %	O_2-Partialdruck (pO_2) in mm Hg (hPa)	CO_2 in %	CO_2-Partialdruck (pCO_2) in mm Hg (hPa)
Einatemluft	20,9	150 (200)	0,03	0,2 (0,3)
Alveolarluft	14	100 (133)	5,6	40 (53)
Ausatemluft	16	116 (155)	4	29 (39)
arterielles Blut		95 (127)		40 (53)
venöses Blut		40 (53)		46 (61)

Tabelle 4.4.5: Grundumsatz beim Menschen in Abhängigkeit von Alter und Geschlecht

Angaben in kcal/m^2 Körperoberfläche und Stunde (kJ/m^2/h).

Nach Documenta Geigy 1975

Alter/Jahre	Männer	Frauen
1	53 (222)	53 (222)
2	52,4 (219)	52,4 (219)
5	49,3 (206)	48,4 (203)

Fortsetzung →

Alter/Jahre	Männer	Frauen
8	46,3 (194)	43,8 (183)
10	44,0 (184)	42,5 (178)
12	42,5 (178)	41,3 (173)
15	41,8 (175)	37,9 (159)
20	38,6 (162)	35,3 (148)
25	37,5 (157)	35,2 (147)
30	36,8 (154)	35,1 (147)
40	36,2 (152)	34,9 (146)
50	35,8 (150)	33,9 (142)
60	34,9 (146)	32,7 (137)
70	33,8 (141)	31,7 (133)
75 u. ä.	33,2 (139)	31,3 (131)

Tabelle 4.4.6: Sauerstoffverbrauch und Wärmebildung der Organe des Menschen

Die angegebenen Werte beziehen sich auf den ruhenden Menschen. Zur Durchblutung der Organe siehe Tabelle 4.3.7 und 4.3.8.

Werte nach GAUER et coll. 1971, HALTENORTH 1977, REIN u. SCHNEIDER 1971

Organ	Sauerstoffaufnahme in cm^3		Organgewicht in % des Körpergewichts	Sauerstoffverbrauch des Organs in % des Gesamtverbrauchs	Wärmebildung in cal	
	Organ pro Min	100 g Organ pro Min			Organ pro Min	100 g Organ pro Min
Haut	5,0	0,10	7	1	24	0,48
Muskel	43,0	0,16	41	18	203	0,75
Gehirn	43,0	3,20	2	19	208	15,40
Lunge	12,0	2,0	0,8	5	57	9,50
Herz	29,0	10,0	0,5	14	138	48,0
Nieren	20,3	7,0	0,4	6	100	34,5
Magen-Darm (+ Leber, Milz, Pankreas)	90,0	3,6	4	22	435	17,4

4.5 Ernährung, Verdauung, Exkretion

Tabelle 4.5.1: Standard-Nahrungsbedarf von Erwachsenen

Werte für die BRD und Vorschläge der FAO (Food and Agriculture Organization of of the United Nations) für 25 Jahre alte Individuen. Siehe auch Tabelle 4.5.2.

Nach ALTMAN u. DITTMER 1974

				Vitamine					Mineralien	
	Gewicht kg	Kalorien	Eiweiß g/Tag	Thiamin mg/Tag	Riboflavin mg/Tag	Niacin mg/Tag	Vit. C mg/Tag	Vit. A IE/Tag	Ca g/Tag	Fe mg/Tag
BRD										
♂	72	2550	72	1,7	1,8	18	75	5000	0,8	10
♀	60	2200	60	1,5	1,8	14	75	5000	0,8	12
FAO										
♂	65	3200	46	1,3	1,8	21,1	–	–	0,4–0,5	–
♀	55	2300	39	0,9	1,3	15,2	–	–	0,4–0,5	–

Tabelle 4.5.2: Empfohlene Größe der täglichen Eiweiß- und Energiezufuhr in der menschlichen Ernährung

Die Angaben für die Eiweißzufuhr in g Eiweiß pro kg Körpergewicht und Tag (± 20%), die Angaben für die Energiezufuhr in kcal (kJ), berechnet für eine vorwiegend sitzende Tätigkeit. Bei Stillenden sollte zusätzlich zu dem angegebenen Wert eine Aufnahme von 5 g Eiweiß je 100 g Stilleistung erfolgen.
Siehe auch Tabelle 4.5.1.

Nach Verbraucherdienst 1979

	Eiweißzufuhr in g ♂	♀	Energiezufuhr in kcal (kJ) ♂	♀
Erwachsene				
25 Jahre	0,9	0,9	2600 (10900)	2200 (9200)
45 Jahre	0,9	0,9	2400 (10000)	2000 (8400)
65 Jahre	1,0	1,0	2200 (9200)	1800 (7500)

Fortsetzung →

	Eiweißzufuhr in g		Energiezufuhr in kcal (kJ)	
	♂	♀	♂	♀
Schwangere				
bis Ende 5. Monat		0,9		2200 (9200)
ab 6. Monat		1,5		2600 (10900)
Stillende		0,9		2800 (11700)
Kinder				
6 Monate	2,5		600 (2500)	
6–12 Monate	2,2		900 (3800)	
1–< 4 Jahre	2,2		1200 (5000)	
4–< 7 Jahre	2,0		1600 (6700)	
7–< 10 Jahre	1,8		2000 (8400)	
10–< 13 Jahre	1,5	1,4	2400 (10000)	2100 (8800)
13–< 15 Jahre	1,5	1,4	2700 (11300)	2400 (10000)
15–< 19 Jahre	1,2	1,0	3100 (13000)	2500 (10500)

Tabelle 4.5.3: Verdauungskapazität des Menschen für verschiedene Nährstoffe

Die Verdauungskapazität ist für eine Normalperson (70 kg Körpergewicht) angegeben, deren Grundumsatz täglich ca. 1700 kcal (7200 kJ) und deren Energiebedarf ca. 2400 kcal (10000 kJ) täglich beträgt.

Werte nach FÖRSTER 1980, verändert

Nährstoff	Verdauungskapazität	Energiegehalt in kcal (kJ)
Kohlenhydrate		
Stärke	1000 g	3800 (16000)
Glucoseoligosaccharide	2000 g	7600 (32000)
Saccharose	800 g	3200 (13500)
Lactose	200 g	760 (3200)
Fette		
Langkettige Trigylceride	500 g	4050 (17000)
Proteine		
Hochwertiges Eiweiß	400 g	1700 (7000)
Oligopeptide	180–250 g	710–950 (3000–4000)

Tabelle 4.5.4: Bestandteile einer Chemisch Definierten Diät (CDD), die für die Ernährung des Menschen ausreichend ist

Die hier angegebenen Mengen entsprechen einem Energiegehalt von 300 kcal (= 1255 kJ). Zum Vitaminbedarf eines Menschen siehe auch Tabelle 4.5.7.

Aus GRIMME 1975, verändert

Aminosäuren	
L-Isoleucin	0,275 g
L-Leucin	0,435 g
L-Lysin-monohydrochlorid	0,327 g
L-Methionin	0,282 g
L-Phenylalanin	0,313 g
L-Threonin	0,275 g
L-Tryptophan	0,085 g
L-Valin	0,303 g
L-Alanin	0,293 g
L-Arginin-hydrochlorid	0,537 g
L-Asparaginsäure	0,625 g
L-Glutamin	1,032 g
Glycocoll	0,478 g
L-Histidin-monohydrochlorid-monohydrat	0,133 g
L-Prolin	0,329 g
L-Serin	0,202 g
L-Tyrosin-Äthylester, Hydrochlorid	0,343 g
	6,330 g
Kohlenhydrate	
Glucose-Monohydrat	24,0 g
Oligosaccharide (aus enzymatisch und hydrolytisch abgebauter Maisstärke)	45,5 g
	69,5 g
Essentielle Fettsäuren	
Safloröl	0,222 g
Vitamine und sonstige Stoffe	
Vitamin-A-acetat	0,287 mg (834 I. E.)
Vitamin C	11,7 mg
Vitamin D_2	1,67 mg (67 I. E.)
Vitamin-E-acetat	3,33 mg
Vitamin B_1 (Aneurinchloridhydrochlorid)	0,2 mg
D-Biotin	0,033 mg
Calcium-D-pantothenat	1,67 mg
Cholinhydrogentartrat	14,17 mg
Vitamin B_{12} (Cyanocobalamin)	0,83 µg
Folsäure	0,017 mg
Inosit	19,42 mg

Fortsetzung →

Nikotinsäureamid	2,22	mg
Vitamin B_6 (Pyridoxinhydrochlorid)	0,33	mg
Vitamin B_2 (Riboflavin-5-phosphorsäureester, Natriumsalz)	0,2	mg
Vitamin K_1 (Phytomenadion)	0,02	mg
Natriumglycerophosphat	430,0	mg
Gluconsäure-δ-lacton	1,06	g
Sorbinsäure	150,0	mg
Mineralien und Spurenelemente		
Natriumchlorid	978,0	mg
Kaliumchlorid	672,0	mg
Calciumchlorid	489,0	mg
Magnesiumoxid	43,2	mg
Eisen (II)-sulfat	8,26	mg
Kupfer (II)-acetat	1,03	mg
Mangan (II)-acetat	2,09	mg
Zinkchlorid	0,14	mg
Kaliumjodid	0,03	mg

Tabelle 4.5.5: Energiebedarf eines Menschen bei körperlicher Betätigung

Die Angaben bezeichnen über den Grundumsatz hinausgehende Werte pro Stunde.

Nach FÖRSTER 1980

Tätigkeit	Energiebedarf pro Std kcal	kJ
Spazierengehen	50– 200	200– 800
Radfahren	100– 300	400–1200
Trimmdich	200– 400	800–1600
Dauerlauf	200– 400	800–1600
Tanzen	300– 400	1200–1600
Fußball	400– 500	1600–2000
Tennis	400– 500	1600–2000
Schwimmen	200– 600	800–2400
Lauftraining	500–1000	2000–4000
Skilauf	400– 800	1600–3200

Tabelle 4.5.6: Zusammensetzung und Energiegehalt von Nahrungsmitteln

Berechnet auf 100 g eßbare Substanz.
Werte von Pflanzenteilen s. Tabelle 2.5.8.

Aus Documenta Geigy 1975, verändert

	Wasser	Eiweiße	Fette	Kohlen-hydrate	Energiegehalt kcal	kJ
Äpfel (süß)	84,0	0,3	0,6	15,0	58	243
Bananen	75,7	1,1	0,2	22,2	85	356
Erdbeeren	89,9	0,7	0,5	8,4	37	155
Kirschen	83,4	1,2	0,4	14,6	60	251
Orangen	87,1	1,0	0,2	12,2	49	205
Pflaumen	85,7	0,7	0,1	12,3	50	210
Rosinen	18,0	2,5	0,2	77,4	289	1210
Weintrauben	81.4	0,6	0,3	17,3	67	280
Wassermelonen	92,6	0,5	0,2	6,4	26	109
Rhabarber	94,9	0,5	0,1	3,8	16	67
Weiße Bohnen	11,6	21,3	1,6	61,6	338	1415
Gurken	95,6	0,8	0,1	3,0	13	55
Karotten	88,6	1,1	0,2	9,1	40	167
Kartoffeln	79,8	2,1	0,1	17,7	76	318
Weißkohl	92,1	1,4	0,2	5,7	25	105
Blumenkohl	91,0	2,7	0,2	5,2	27	113
Rosenkohl	84,8	4,7	0,4	8,7	47	197
Sauerkraut	92,8	1,0	0,2	4,0	18	75
Lauch	87,8	2,0	0,3	9,4	44	184
Paprika (grün)	92,8	1,2	0,2	5,3	24	100
Radieschen	93,7	1,1	0,1	3,6	18	75
Rote Bete	87,3	1,6	0,1	9,9	43	180
Kopfsalat	95,1	1,3	0,2	2,5	14	59
Sellerieknolle	88,4	1,8	0,3	8,5	40	167
Spargel	92,9	2,1	0,2	4,1	21	88
Spinat	90,7	3,2	0,3	4,3	26	109
Tomaten	93,5	1,1	0,2	4,7	22	92
Zwiebeln	89,1	1,5	0,1	8,7	38	159
Champignon	90,8	2,8	0,2	3,7	22	92
Steinpilze	88,6	2,8	0,4	5,9	31	130
Bäckerhefe	71,0	12,1	0,4	11,0	87	360
Erdnüsse (geröstet)	1,8	26,2	48,7	20,6	582	2436
Haselnüsse	6,0	12,7	60,9	18,0	627	2624
Kokosnüsse	48,0	4,2	34,0	12,8	351	1469
Walnüsse	3,5	14,8	64,0	15,8	651	2725
Mandeln	4,7	18,6	54,2	19,5	598	2503

Fortsetzung →

	Wasser	Eiweiße	Fette	Kohlen-hydrate	Energiegehalt kcal	kJ
Weizenmehl	12,6	12,1	2,1	71,5	331	1385
Roggenmehl	14,3	10,8	1,5	71,8	310	1297
Weizenkeime	11,5	26,6	10,9	46,7	363	1519
Haferflocken	10,3	13,8	6,6	67,6	387	1620
Brötchen	34,0	6,8	0,5	58,0	269	1126
Roggenbrot	38,5	6,4	1,0	52,7	227	950
Spaghetti	10,4	12,5	1,2	75,2	369	1544
Honig	17,2	0,3	0,0	82,3	304	1272
Marzipan	8,8	8,0	18,0	64,0	428	1792
Milchschokolade	0,9	7,7	32,3	56,9	520	2176
Traubenzucker	0,0	0,0	0,0	99,5	385	1611
Butter	17,4	0,6	81,0	0,7	716	2996
Lebertran	0,0	0,0	99,9	0,0	901	3771
Margarine	19,7	0,5	78,4	0,4	698	2921
Schweineschmalz	1,0	0,0	99,0	0,0	901	3771
Hühnerei	74,0	12,8	11,5	0,7	162	678
Kuhmilch	88,5	3,2	3,7	4,6	64	268
Schlagsahne	64,1	2,2	30,4	2,9	288	1205
Yoghurt	86,1	4,8	3,8	4,5	71	297
Magerquark	79,4	17,2	0,6	1,8	86	360
Camembert	51,3	18,7	22,8	1,8	287	1201
Emmentaler	34,9	27,4	30,5	3,4	398	1666
Entenfleisch	54,0	16,0	28,6	0,0	326	1365
Brathuhn	72,7	20,6	5,6	0,0	138	578
Hasenfleisch	73,0	22,3	0,9	0,2	103	431
Kalbsleber	70,7	19,2	4,7	4,1	140	586
Kalbskotelett	70,0	19,5	9,0	0,0	164	686
Lammkotelett	52,0	14,9	32,0	0,0	352	1473
Rindsfilet	75,1	19,2	4,4	0,0	122	511
Schweinefleisch	71,2	18,6	9,9	0,0	168	703
Schweinekotelett	53,9	15,2	30,6	0,0	341	1427
Cervelatwurst	55,6	12,5	27,6	1,8	256	1072
Weißwurst	65,2	11,1	21,7	0,0	241	1009
Forelle	77,6	19,2	2,1	0,0	101	423
Hering	62,8	17,3	18,8	0,0	243	1017
Karpfen	72,4	18,9	7,1	0,0	145	607
Schellfisch	80,5	18,3	0,1	0,0	79	331
Thunfisch	52,5	23,8	20,9	0,0	290	1214

	Wasser	Eiweiße	Fette	Kohlen-hydrate	Energiegehalt kcal	kJ
Austern	83,0	9,0	1,2	4,8	68	285
Miesmuscheln	84,1	11,7	1,9	2,2	76	318
Weinbergschnecken	82,0	15,0	0,8	2,0	75	314
Tintenfisch	82,2	15,3	0,8	0,0	73	306
Garnelen	78,2	18,7	2,2	0,0	97	406
Hummer	78,5	16,9	1,9	0,5	91	381

Tabelle 4.5.7: Vitaminbedarf des Menschen pro Tag

[1] geschätzter Wert, [2] Eigensynthese durch Darmbakterien.
Über den Gehalt an Vitaminen in Nahrungsmitteln s. Tab. 4.5.8.

Aus KARLSON 1980, verändert

A	Retinol	1,5– 2	mg
D	Calciferol	0,02	mg
E	Tocopherol	20	mg
K	Menachinon	1	mg[1,2]
B_1	Thiamin	1,4	mg
B_2	Riboflavin	1,7	mg
	Nicotinamid	20	mg[1,2]
	Folsäure	0,4	mg[1]
	Pantothensäure	10	mg[1]
B_6	Pyridoxol	2	mg[1]
B_{12}	Cobalamin	0,005	mg
C	Ascorbinsäure	60	mg
H	Biotin	0,25	mg[1]

Tabelle 4.5.8: Vitamingehalt von Nahrungsmitteln

Die Angaben beziehen sich jeweils auf 100 g eßbare Substanz. Den täglichen Vitaminbedarf des Menschen siehe Tabelle 4.5.7. s = nur in Spuren vorhanden.

Werte aus Documenta Geigy 1975

	A I.E.	B_1 mg	B_2 mg	B_6 mg	B_{12} mg	Nicotinsäure mg	Panthotensäure	Folsäure mg	C mg	D I.E.	E mg	Biotin mg	K mg
Äpfel, süß	90	0,04	0,02	0,03	–	0,1	0,1	0,002	5	–	0,3	0,001	–
Banane	190	0,05	0,06	0,32	–	0,6	0,2	0,01	10	–	0,2	0,004	–
Brombeeren	200	0,03	0,04	0,05	–	0,4	0,25	0,012	21	–	–	0,0004	–
Erdbeeren	60	0,03	0,07	0,04	–	0,6	0,26	0,005	60	–	–	0,0011	–
Grapefruitsaft	10	0,03	0,02	0,014	–	0,2	0,16	0,001	45	–	–	0,0007	–
Holunderbeeren	600	0,07	0,08	0,25	–	1,5	0,18	0,017	18	–	–	0,002	–
Johannisbeeren, rot	120	0,04	0,02	0,05	–	0,3	0,06	–	41	–	–	0,0026	–
Johannisbeeren, schwarz	220	0,05	0,03	0,08	–	0,3	–	–	136	–	–	0,0026	–
Kirschen	1000	0,05	0,06	0,05	–	0,3	0,08	0,006	10	–	–	0,0004	–
Orangen	200	0,1	0,03	0,03	–	0,2	0,2	0,005	50	–	0,23	0,01	–
Zitronen	20	0,04	0,02	0,06	–	0,1	0,2	0,007	45	–	–	–	–
Karotten	11000	0,06	0,06	0,12	–	0,6	0,27	0,008	2–10	–	0,45	0,003	–
Kartoffeln	5	0,11	0,04	0,2	–	1,2	0,3	0,006	20	–	0,06	0,0001	0,08
Weißkohl	70	0,05	0,04	0,11	–	0,32	0,26	0,08	46	–	0,7	–	–
Gartenkresse	9300	0,08	0,26	–	–	1,0	–	–	69	–	–	–	–
Petersilie	8500	0,12	0,26	0,2	–	1,2	0,03	0,04	172	–	–	0,0004	–
Kopfsalat	970	0,06	0,07	0,07	–	0,3	0,1	0,02	8	–	0,6	0,003	–
Spargel	900	0,18	0,20	0,14	–	1,5	0,62	0,11	33	–	2,5	–	–
Spinat	8100	0,1	0,2	0,2	–	0,6	0,3	0,075	51		2,5	0,007	0,04
Tomaten	900	0,06	0,04	0,1	–	0,6	0,31	0,008	23	–	0,27	0,004	–
Zwiebeln	40	0,03	0,04	0,1	–	0,2	0,17	0,01	10	–	0,26	0,004	–

	A I.E.	B_1 mg	B_2 mg	B_6 mg	B_{12} mg	Nicotinsäure mg	Panthotensäure	Folsäure mg	C mg	D I.E.	E mg	Biotin mg	K mg
Champignons	–	0,1	0,44	0,05	–	6,2	2,1	0,03	5	150	0,83	0,016	–
Walnüsse	30	0,3	0,13	1,0	–	1,0	0,7	0,077	2	–	1,5	0,037	–
Haferflocken	–	0,55	0,14	0,75	–	1,1	0,92	–	–	–	0,25	–	–
Weizenmehl	–	0,06	0,05	–	–	0,9	–	–	–	–	–	–	–
Honig	–	s	0,04	0,01	–	0,3	0,06	0,003	1	–	–	–	–
Milchschokolade	270	0,01	0,34	–	–	0,3	–	–	–	–	1,1	–	–
Butter	3300	s	0,01	s	–	0,1	s	–	s	40	2,4	–	–
Margarine	3000	–	–	–	–	–	–	–	–	–	–	–	–
Lebertran	85000	–	–	–	–	–	–	–	–	8500	26,0	–	–
Hühnerei, roh	1180	0,12	0,34	0,25	0,002	0,1	1,6	0,005	–	200	1,0	0,02	0,002
Kuhmilch, frisch	140	0,04	0,15	0,05	0,0006	0,07	0,33	0,0001	1	0,5–4	0,06	0,002	–
Buttermilch	35	0,04	0,18	0,04	0,0003	0,1	0,36	0,0003	1	–	0,05	0,002	–
Camembert	1010	0,05	0,45	0,25	–	1,45	0,1–0,9	–	–	–	–	0,005	–
Emmentaler	1140	0,05	0,33	0,09	–	0,1	–	–	0,5	100	0,35	–	–
Magerquark	35	0,04	0,31	0,01	–	0,1	0,1	0,03	1	40	–	0,002	–
Leber, Kalb	22500	0,28	2,72	1,2	0,06	17	9,7	0,05	32	50	0,9–1,6	0,075	0,15
Rinderfilet	–	0,1	0,13	–	–	4,6	–	–	–	–	0,5	–	–
Kotelett, Schwein	–	0,8	0,19	0,48	0,001	4,3	0,4	0,002	–	–	0,6	0,005	–
Herz, Schwein	30	0,43	1,24	0,43	0,003	6,6	2,5	–	3	–	1,4	0,02	–
Leber, Schwein	10900	0,43	2,7	0,85	0,01	16,4	7,0	0,22	27	–	1,0	0,1	–
Salami	–	0,18	0,2	–	–	2,6	–	–	–	–	0,11	–	–
Miesmuscheln	180	0,16	0,22	–	–	1,6	–	–	–	–	–	–	–
Austern	310	0,18	0,23	0,11	0,015	2,5	0,5	0,004	s	5	–	0,001	–
Forelle	150	0,09	0,25	–	–	3,5	–	–	–	–	–	–	–
Kabeljau	–	0,06	0,07	0,2	0,0005	2,2	0,12	0,001	2	–	–	0,0002	–
Thunfisch (Dose)	90	0,05	0,06	0,25	0,001	10,8	0,2	0,003	–	–	–	0,0005	–

Tabelle 4.5.9: Täglicher Bedarf eines erwachsenen Menschen an essentiellen Aminosäuren

Siehe auch Tabelle 4.5.4.

Nach Documenta Geigy 1975, KARLSON 1974

Aminosäure	Absolute Menge in g Männer	Frauen	mmol/kg KG
Valin	0,80	0,65	0,28
Leucin	1,10	0,62	0,39
Isoleucin	0,70	0,45	0,21
Lysin	0,80	0,50	0,24
Phenylalanin	0,30	0,22	0,18
Tryptophan	0,25	0,16	0,04
Methionin	0,20	0,35	0,07
Threonin	0,50	0,31	0,20

Tabelle 4.5.10: Fettsäuren- und Cholesteringehalt von Nahrungsmitteln

Ungesättigte Fettsäuren können im Körper nicht aufgebaut werden und müssen daher mit der Nahrung aufgenommen werden. Die wichtigste dieser essentiellen Fettsäuren ist die Linolsäure.
Angaben, sofern nicht anders vermerkt, je 100 g.

Werte nach Verbraucherdienst 1979

Nahrungsmittel	Fettsäuren, mehrfach gesättigt in g	Fettsäuren, mehrfach ungesättigt in g	Cholesterin in mg
Rindfleisch, mager	5	2	100
Schweinefleisch, mager	5	1	90
Reh-, Hirschfleisch	1	1	110
Brathähnchen	3	1	53
Entenfleisch	12	8	75
Hirn	4	1	3146
Niere	4	1	350
Leber	4	3	250
Schinken	20	4	400
Leberwurst	15	5	85
Forelle	1	1	70
Hering	3	3	80
Schweineschmalz	41	10	100

Nahrungsmittel	Fettsäuren, mehrfach gesättigt in g	Fettsäuren, mehrfach ungesättigt in g	Cholesterin in mg
Butter	52	2	230
Pflanzenmargarine	24	24	–
Mayonnaise, 80% Fett	12	48	55
1 Ei (ca. 60 g)	2	1	280
Eigelb (aus ca. 5 Eiern)	10	2	1400
Milch, 3,5% Fett	2	–	11
Sahne, 30% Fett	21	1	94
Speisequark, 20 % Fett i. Tr.	3	–	14
Edamer, 30% Fett i. Tr.	9	–	42
Butterkäse, 60% Fett i. Tr.	21	1	92
Vollkornbrot, Weißbrot	1	–	–
Teigwaren	1	1	118
Milchschokolade	20	1	74

Tabelle 4.5.11: Zahlen zum Verdauungssystem des Menschen

Nach Meyer 1964, Rucker 1967

Zahl der Mundspeicheldrüsen	6000000
Tägliche Speichelmenge	1–2 Liter
Fassungsvermögen des Magens	3 Liter
Tägliche Menge des Magensaftes	1–2 Liter
Tägliche Menge der Gallenflüssigkeit	0,75 Liter
Tägliche Menge des Bauchspeichels	1,2 Liter
Länge des Dünndarms	3 m
Tägliche Menge des Dünndarmverdauungssaftes	3 Liter
Zahl der Dünndarmzotten	7000000
Oberfläche der Zotten insgesamt	40 m^2
Zahl der Mikrovilli pro Zotte	300000
Kontaktfläche der Nahrung durch Mikrovilli	2000 m^2
Zahl der Schleimhautzellen pro Zotte	30000
Zahl der Schleimhautzellen im Dünndarm	200000000000

Tabelle 4.5.12: Zeitpunkt des Durchbruchs der Zähne im menschlichen Gebiß

Werte nach PFLUGFELDER 1962, RUCKER 1967, STARCK 1975

Milchgebiß:	
vorderer Schneidezahn	6.– 8. Monat
seitlicher Schneidezahn	7.– 9. Monat
vorderer Vorbackenzahn	12.–15. Monat
Eckzahn	16.–20. Monat
hinterer Vorbackenzahn	20.–24. Monat
Bleibendes Gebiß:	
1. Backenzahn	7. Jahr
vorderer Schneidezahn	8. Jahr
seitlicher Schneidezahn	9. Jahr
1. Vorbackenzahn	10. Jahr
Eckzahn	11.–13. Jahr
2. Vorbackenzahn	11.–15. Jahr
2. Backenzahn	13.–16. Jahr
3. Backenzahn (Weisheitszahn)	18.–30. Jahr

Tabelle 4.5.13: Zahlen zur Niere des Menschen

Nach BERTELSMANN 1979, MEYER 1964, RUCKER 1967

Gewicht einer Niere	120–160 g
Länge einer Niere	10–12 cm
Zahl der Nierenkörperchen (Glomeruli)	2000000
Zahl der Nierenschleifen	2000000
Gesamtlänge der Nierenschleifen	100 km
Innere Gesamtoberfläche der Nierenschleifen	20 m^2
Täglicher Blutdurchfluß	1500 Liter
Täglich gebildeter Primärharn	180 Liter
Täglich gebildeter Harn	0,5–4 Liter
Tägliche Menge rückresorbiertes Kochsalz	1 kg
Tägliche Menge rückresorbiertes Natriumbikarbonat	0,5 kg
Täglicher Sauerstoffverbrauch der Niere	30 Liter

Tabelle 4.5.14: Filtration und Rückresorption verschiedener Stoffe in der menschlichen Niere

Werte aus KEIDEL 1970, REIN u. SCHNEIDER 1971

	Mittlere Konzentration im Blutplasma in %	Menge im Primärharn = Filtrationsleistung pro Tag in g	Rückresorption pro Tag in g	Ausscheidung pro Tag in g	Mittlere Konzentration im Urin in %
Wasser		170000	168500	1500	
Eiweiß	7–8	11	11	0	0
Glukose	0,1	170	169,5	0,5	0,01
Harnsäure	0,0005	8,5	7,97	0,53	0,035
Harnstoff	0,025	46	19	27	1,8
Kreatinin	0,001	1,7	0	1,7	0,11
Natrium	0,333	566	561	5	0,333
Kalzium	0,01	17	16,8	0,2	0,015
Kalium	0,017	28,9	26,2	2,7	0,18
Chlor	0,373	634	628,7	5,3	0,353
HCO_3^-	0,159	270	269,7	0,3	0,02

Tabelle 4.5.15: Tägliches Harnvolumen des Menschen in verschiedenen Lebensaltern

Die Angaben sind Mittelwerte. Die Menge kann sehr stark durch Flüssigkeitszufuhr, Schwitzen u.ä. verändert werden.

Werte nach MERCK 1966

	Alter	Tägliches Harnvolumen
Kinder	1– 3 Jahre	500– 600 cm^3
	3– 5 Jahre	600– 700 cm^3
	5– 8 Jahre	650–1000 cm^3
	8–14 Jahre	1000–1400 cm^3
Erwachsene	(> 14 Jahre)	1000–1600 cm^3

4.6 Gehirn, Nerven, Sinne

Tabelle 4.6.1: Zahlen zum Nervensystem des Menschen

Die Angaben sind Mittelwerte. Weitere Werte zum Nervensystem siehe Tabelle 4.6.2 und Tabelle 4.6.3.

Werte nach RUCKER 1964

Gewicht des Gehirns	1,5 kg
Gewicht des Großhirns	1,25 kg
Zahl der Nervenzellen des Gehirns	14000000000
Zahl der Verknüpfungen untereinander (Synapsen)	7000000000000
Dicke der Großhirnrinde	2–5 mm
Zahl der Nervenzellen der Großhirnrinde	12000000000
Zahl der Querverbindungen im Großhirn	1000000000000
Länge der Nervenfasern im Großhirn	500000 km
Länge der Nervenfasern außerhalb des Gehirns	480000 km
Täglicher Verlust an Nervenzellen	50000–100000

Tabelle 4.6.2: Gehirnvolumen von Hominiden

Gehirngewichte von Tieren siehe Tabelle 1.10.1 und 1.10.2.

Werte aus HEBERER 1968, v. KÖNIGSWALD 1960, PORTMANN 1959, SALLER 1964, STEITZ 1979

	Schwankungsbreite in cm^3	Mittelwert in cm^3
Schimpanse	320– 480	394
Orang Utan	295– 575	411
Gorilla	340– 685	498
Proconsul		500
Australopithecus	450– 750	576
Homo erectus erectus (Pithecanthropus)	835– 900	871
Homo erectus pekinensis (Sinanthropus)	915–1225	1046
Homo heidelbergensis	775– 900	
Homo sapiens präneanderthalensis	1070–1280	1175
Steinheim-Mensch	1100–1200	
Homo sapiens neanderthalensis	1300–1610	1438
Cro-Magnon-Mensch (Homo sapiens sapiens)	1250–1700	1400
Jetztmensch (Homo sapiens sapiens)	1010–2000	1400

Tabelle 4.6.3: Gehirngewichte einiger bedeutender Menschen

Die Gehirngewichte sind nur dann vergleichbar, wenn die Menschen bei ihrem Tod gleich alt waren, da im Gehirn des Menschen nach dem 15. Lebensjahr keine Zellteilungen mehr erfolgen und von da ab fortlaufend Zellmaterial verloren geht.

Nach Bertelsmann 1979, Meyer 1964, Slijper 1967

		Alter
Bismarck	1807 g	83
Lord Byron	2230 g	36
Cromwell	2000 g	59
Cuvier	1861 g	62
Dante	1420 g	56
Gauß	1492 g	78
Helmholtz	1420 g	73
Kant	1650 g	80
Liebig	1350 g	70
Schiller	1580 g	46

Tabelle 4.6.4: Schlafbedürfnis des Menschen in verschiedenen Lebensaltern und Anteil des REM-Schlafes

Unter REM-Schlaf versteht man diejenige Schlafphase, in der schnelle Augenbewegungen (rapid eye movements) auftreten und in der bildhafte Träume erlebt werden.

Aus Ganong 1972

Alter	täglicher Schlafbedarf in Stunden	Anteil des REM-Schlafs in % der Schlafdauer
1–15 Tage	16	50
3– 5 Monate	14	40
2– 3 Jahre	13	25
5– 9 Jahre	11	19
10–14 Jahre	9	20
19–30 Jahre	8	22
33–45 Jahre	7	19
50–70 Jahre	6	15

Tabelle 4.6.5: Zahl der Rezeptoren und ableitenden Nervenfasern der Sinne des Menschen

Werte nach KOLB 1974

Sinn	Zahl der Rezeptoren	Zahl der Nervenfasern
Auge	2×10^8	2×10^6
Ohr	3×10^4	2×10^4
Geschmack	10^7	2×10^3
Geruch	10^7	2×10^3
Druck	5×10^5	10^6 (Druck, Schmerz, Wärme, Kälte zusammen)
Schmerz	3×10^6	
Wärme	10^4	
Kälte	10^5	

Tabelle 4.6.6.: Zahlen zum menschlichen Auge und zum Sehen

Werte nach FRANCOIS u. HOLLWICH 1977, MEYER 1964, RUCKER 1967

Durchmesser des Augapfels	24 mm
Gewicht des Augapfels	7,5 g
Volumen des Augapfels	6,5 cm^3
Umfang des Augapfels	74,9 mm
Dicke der Sklera (hinter Mm. recti)	0,3 mm
Dicke der Sklera (Nähe Sehnerv)	1,35 mm
Dicke der Cornea	0,52–0,67 mm
Oberfläche der Cornea	1,3 cm^2
Durchmesser der Iris	12 mm
Pupillendurchmesser	1,2–9 mm
Dicke der Linse	4–4,14 mm
Durchmesser der Linse	9 mm
Gewicht der Linse	174 mg
Volumen des Glaskörpers	4 cm^3
Gewicht des Glaskörpers	4 g
Dicke der Retina am Äquator	0,18 mm
Dicke der Retina am Gelben Fleck	0,1 mm
Durchmesser des Gelben Flecks (horizontal)	2 mm
Durchmesser des Gelben Flecks (vertikal)	0,88 mm
Zahl der Sehzellen in der Retina	132 000 000
Zahl der Stäbchen	125 000 000
Zahl der Zapfen	7 000 000
Zahl der Schaltzellen	2 000 000
Zahl der Nervenfasern im Sehnerv	1 000 000
Zahl der Ziliarfortsätze im Ziliarkörper	70–80

Länge eines Ziliarfortsatzes	2 mm
Dicke eines Ziliarfortsatzes	0,5 mm
Brechkraft der Cornea	43 Dioptrien
Brechkraft der Linse	19–33 Dioptrien
Auflösungsvermögen des Auges	$^1/_{120}$ Bogengrad

Tabelle 4.6.7: Veränderungen des binokularen horizontalen Gesichtsfeldes des Menschen mit dem Alter

Werte aus ALTMAN u. DITTMER 1973

Alter Jahre	Gesichtsfeld in Grad ♂	♀
16–19	174,5	176,4
20–29	174,8	176,2
30–39	173,8	175,3
40–49	171,7	172,7
50–59	167,1	170,1
60–69	160,1	162,3
70–79	151,2	155,5
80 u. älter	139,8	138,5

Tabelle 4.6.8: Veränderung des Nahpunktes des menschlichen Auges mit dem Alter

Unter dem Nahpunkt versteht man den Abstand jenes Punktes vom Auge, der bei maximaler Akkomodation gerade noch scharf gesehen werden kann.

Nach REIN u. SCHNEIDER 1971, SIEBECK 1977

Alter	Abstand des Nahpunktes
10 Jahre	7 cm
20 Jahre	9 cm
30 Jahre	12 cm
40 Jahre	22 cm
50 Jahre	40 cm
60 Jahre	100 cm
70 Jahre	bis 400 cm
75 Jahre	∞

Tabelle 4.6.9: Zahlen zum menschlichen Ohr

Siehe auch Tabelle 4.6.10 und zum Hören bei Tieren Tabelle 1.11.13.

Werte aus BERTELSMANN 1979, MEYER 1964, RUCKER 1976

Durchmesser des Trommelfells	10 mm
Dicke des Trommelfells	0,1 mm
Durchmesser des ovalen Fensters	4 mm
Länge der Basilarmembran	3,35 mm
Breite der Basilarmembran am Anfang	0,04 mm
Breite der Basilarmembran am Ende	0,495 mm
Zahl der Hörzellen auf der Basilarmembran	14000
Zahl der Windungen der Schnecke	2,5
Räumliches Auflösungsvermögen	8,4°

Tabelle 4.6.10: Abhängigkeit der Obergrenze der menschlichen Hörfähigkeit vom Alter

Die wichtigsten Tonlagen der menschlichen Sprache liegen bei 80 bis 600 Hz, die Konsonanten der S- und T-Gruppe bei 1 bis 3 kHz. Für Tiere siehe Tabelle 1.11.13.

Werte aus REIN u. SCHNEIDER 1971

Alter	Obergrenze in kHz
Kind	21
35 Jahre	15
50 Jahre	12
Greis	5

Tabelle 4.6.11: Schallpegel verschiedener Geräusche

Angaben in dB(A). Mit dB(A) wird die Intensität der frequenzabhängigen Wahrnehmung des menschlichen Ohres bezeichnet. Bei einer Frequenz von 1000 Hz decken sich die dB(A)- und Phonwerte. Da die dB(A)-Werte eine logarithmische Größe darstellen, wird ein Geräusch, das um 10 dB(A) zunimmt, als doppelt so laut empfunden.

Werte nach BELTZ 1974, FAHRENBERGER u. MÜLLER 1972, REIN u. SCHNEIDER 1971

	dB(A)
Schwellenlautstärke	0
Leises Flüstern, Taschenuhrticken, Atmen in echofreiem Raum	10
Flüstersprache, Tonfilmstudio	20

	dB(A)
Wecker, Wohngebiet nachts	30
ruhige Unterhaltung, ruhige Wohnung	40
normale Unterhaltung, Lautsprecher auf Zimmerlautstärke	50
Konversation	60
Büroschreibmaschine	70
Staubsauger, Straßenverkehr	80
Motorrad, Lkw, starker Straßenverkehr	90
Preßlufthammer, Autohupe aus der Nähe	100
Textilfabrik	110
Propellerflugzeug, Beatkapelle	120
Schmerzgrenze, Lärm in Kesselschmiede	130
Düsenjäger beim Start	140
Düsenmotor mit Nachbrenner aus 25 m Entfernung	160
Weltraumrakete beim Start aus der Nähe	170

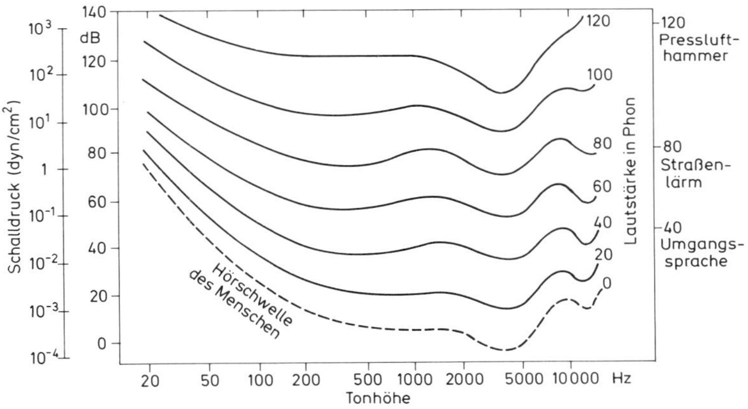

Abb. 4.6.11: Beziehung zwischen dem objektiv zu messenden, frequenzunabhängigen Schalldruck (dB) und der subjektiv empfundenen frequenzabhängigen Lautstärke (Phon). Aus REMANE, STORCH und WELSCH 1974.

Tabelle 4.6.12: Raumschwellenwerte verschiedener Körperstellen des Menschen

Unter der Raumschwelle versteht man den Abstand von zwei gleichzeitig erfolgenden, gleich starken Druckreizen (z.B. mit einem Stechzirkel), die gerade noch als zwei getrennte Reize wahrgenommen werden.

Aus CZIHAK et coll. 1976, MEYER 1964, OPPENHEIMER u. PINCUSSEN 1925

Körperstelle	Raumschwelle in mm	Körperstelle	Raumschwelle in mm
Zungenspitze	1,1	Gesäß	45
Zungenrand	9	Fingerspitze	2,3
Lippe	4	Fingerrücken	6,8
Harter Gaumen	13,6	Handfläche	11,3
Nasenspitze	6,8	Handrücken	31,6
Wange	11,3	Unterarm, innen	15
Augenlid	11,3	Unterarm, Rücken	40
Stirn	22,6	Oberarm	68
Kinn	33,8	Kniescheibe	36
Brustbein	45	Oberschenkel	68
Nacken	67,7	Unterschenkel	40,6
Rücken	68	Ferse	22,6

Tabelle 4.6.13: Zahl und Verteilung der Warm- und Kaltpunkte in der Haut des Menschen

n.a. = nicht in Punkte auflösbar.

Aus GAUER et coll. 1972

Körperregion	Zahl der Kaltpunkte pro cm^2	Zahl der Warmpunkte pro cm^2
Stirn	5,5– 8	2
Nase	8 –13	1
Mund	16 –19	n.a.
übriges Gesicht	8,5– 9	1,7
Brust	9 –10,2	0,3
Unterarm	6 – 7,5	0,3–0,4
Handflächen	1 – 5	0,4
Fingerrücken	7 – 9	1,7
Finger, Innenseite	2 – 4	1,6
Oberschenkel	4,5– 5,2	0,4

Tabelle 4.6.14: Riechschwelle des Menschen für einige markante Stoffe

Angaben nach GANONG 1972, KEIDEL 1971, Lexikon der Biologie, REIN u. SCHNEIDER 1971

Stoff	Riechschwelle in mg/Liter Luft
Pyrazin	300
Äthanol	100
Ethyläther	5,83
Chloroform	3,30
Naphthalin	0,04
Pyridin	0,03
Pfefferminzöl	0,02
Vanillin	0,02
Jodoform	0,02
Buttersäure	0,009
Propylmercaptan	0,006
Essigsäure	0,001
Vanillin	0,00005
künstl. Moschus	0,00004
Buttersäure	0,00001
Skatol	0,0000035
α-Ionon	0,0000005
Methylmercaptan	0,0000004

Tabelle 4.6.15: Geschmackschwellen beim Menschen

Die Angaben beziehen sich auf die minimale Menge des betreffenden Stoffes (in g) pro Liter Wasser.

Werte aus KEIDEL 1971

Geschmacksqualität	Substanz	Schwelle in g/l
süß	Saccharin	0,001
sauer	Salzsäure	0,01
salzig	Kochsalz	1,0
bitter	Chinin	0,004

Teil 5: Vergleichende Werte

Tabelle 5.1: Zusammensetzung tierischer und pflanzlicher Organismen aus den Elementen

Angaben in Gewichts-%. Siehe auch Tabelle 4.1.3 für spezielle Werte des Menschen.

Aus HEIDERMANNS 1957, verändert

	Tier (Beisp. Säuger)	Pflanze (Beisp. Pinie)
Kohlenstoff (C)	21,15	53,96
Wasserstoff (H)	9,86	7,13
Sauerstoff (O)	62,43	38,65
Stickstoff (N)	3,10	0,03
Kalzium (Ca)	1,90	0,007
Phosphor (P)	0,95	0,005
Kalium (K)	0,23	0,006
Schwefel (S)	0,16	0,052
Chlor (Cl)	0,08	0,001
Magnesium (Mg)	0,027	0,003
Jod (J)	0,002	0,002
Eisen (Fe)	0,005	0,03
Fluor (F)	0,003	0,001
Aluminium (Al)	0,001	0,065
Silizium (Si)	0,001	0,057
Mangan (Mn)	0,0005	0,001

Tabelle 5.2: Wassergehalt von Organismen

Angaben in % des Gesamtgewichts. Siehe auch Tabelle 1.1.19 und Tabelle 2.1.10.

Werte nach BUDDENBROCK 1956, HEIDERMANNS 1957, STRASBURGER 1978

Art	Wassergehalt (%)
Pflanzen	
Algen	bis 98
Schleimpilze	70–94
Blätter höherer Pflanzen	80–90
Gurke	bis 95
Holz	50
trockene Samen	13–14
Tiere	
Ohrenqualle	98,2
Blutegel (Herpobdella)	86,3
Spulwurm	79,3
Weinbergschnecke (ohne Gehäuse)	84,4

Fortsetzung →

Art	Wassergehalt (%)
Schlammschnecke (Planorbis)	88,3
Wasserfloh	73,9
Raupe vom kleinen Kohlweißling	83,0
Kartoffelkäfer	62–66
Kornkäfer	40–44
Schleie	80
Frosch	77
Schaf	57
Schwein	55
Kaninchen	69
Mensch	
erwachsen	60
Embryo, 15 Wochen	91,5
Fetus, 24 Wochen	85
Fetus, 30 Wochen	79
neugeboren	66

Tabelle 5.3: Größe und Molekulargewicht einiger wichtiger biologischer Moleküle

Werte nach Czihak et coll. 1976, Hartmann 1953, Heidermanns 1957, Karlson 1974, Meyer 1964

	Größe	Mol. Gew.
Myoglobin	0,07 μm	17500
Myosin		468000
Fibrinogen	0,68 μm	400000
Serumalbumin (Pferd)	0,28 μm	66900
Serumglobulin (Pferd)	0,56 μm	150000
Pepsin	0,14 μm	35500
Urease	1,68 μm	483000
Insulin	0,14 μm	35500
Katalase	1,12 μm	281600
Hämoglobin (Mensch)	2,8 μm	66800
Hämozyanin	bis 26,88 μm	bis 6300000
Glykogen		$1-16 \times 10^6$
Zellulose	8,3 μm	2400000
Glukose	0,7 nm	180
Chlorophyll	3,5 nm	ca. 900
Aminosäure Glycin	7 Å	75
Aminosäure Leucin	12 Å	131

Tabelle 5.4: Redoxpotentiale organischer Verbindungen

Da das Redoxpotential vom jeweiligen pH-Wert abhängt, ist dieser mit angegeben.

Nach Enzyklopädie 1979, HIRSCH 1966

	pH-Wert	Potential E_0 in Volt
Cytochrom a	7,4	+0,29
Cytochrom c	5–8	+0,26
Cytochrom b	7,4	−0,04
Hämoglobin	7,0	+0,152
Ascorbinsäure	4,59	+0,136
Methylenblau	7,0	+0,011
Pyocyanin	7,0	−0,034
Flavoprotein	7,0	−0,059
Hämin	6,99	−0,114
Lactat-Pyruvat	7,01	−0,186
Riboflavin	7,0	−0,208
Cystin-Cystein	7,15	−0,227
Gluthathion	7,15	−0,233
Coenzym I	7,4	−0,325

Tabelle 5.5: Größe von Zellen oder Zellorganellen

Werte nach CZIHAK et coll. 1976, DAVID 1977, METZNER 1966, MEYER 1964, SCHARF u. WEBER 1976, STRASBURGER 1978

	Länge	Durchmesser
Virus, Maul- und Klauenseuche		10 nm
Influenza-Virus		120 nm
Tabak-Mosaik-Virus	28 nm	
Micrococcus (Bakterie)		0,2 µm
Escherichia coli (Bakterie)	3 µm	
Thiospirillum (Bakterie)	80 µm	
Hefezellen		6– 8 µm
Chlamydomonas (Geißelalge)		20 µm
Kieselalgen, gestreckte Form	180 µm	
Kieselalgen, runde Form		35 µm
Rotes Blutkörperchen, Mensch		7,5 µm
Spermium, Mensch	50 µm	2 µm
Eizelle, Mensch		100 µm
Straußenei	150 mm	
Epidermis, Eiche		28 µm
Markgewebe, Holunder		200 µm

Fortsetzung →

	Länge	Durchmesser
Epidermis, Zwiebel		400 µm
Faserzelle, Lein	40–65 mm	
Faserzelle, Brennessel	50–75 mm	
Internodalzelle, Chara	40–80 mm	
Faserzelle, Ramiepflanze	400 mm	
Zelle Mundschleimhaut, Mensch		60–80 µm
Mitochondrien		0,5–0,8 µm
Dictyosomen	0,2–5,5 µm	
Chloroplasten		4– 8 µm
Ribosomen		10–15 nm
Elementar-Membran, Pflanzen		6– 8 nm
Doppelmembran, ER, Pflanzen		25–30 nm
Zellmembran, Mensch, Mundschleimhaut		7,67 nm
Zellmembran, Mensch, Erythrozyt		8,5 nm

Tabelle 5.6: Bewegungsgeschwindigkeit von Zellen und Zellorganellen

Werte aus Czihak et coll. 1976, Documenta Geigy 1975, Hertel 1963, Kästner 1973, Oppenheimer u. Pincussen 1927, Prosser 1973

Zelle bzw. Zellorganell	Geschwindigkeit in µm/sec
Bacillus subtilis	10
Bacillus megatherium	200
Euglena	130– 200
Amöbe (A. limax)	1
Kieselalge	7
Pantoffeltierchen	2000–3000
Schwärmer vom Meersalat	150
Spermatozoide des Lebermooses Marchantia	20– 27
Wandernde Plasmodien	14– 17
Spermien, Rind	200
Spermien, Mensch	1300–2600
Weißes Blutkörperchen, Mensch	4– 24
Lymphozyten in Gewebekultur	0,55
Chromosomen während der Teilung	0,01– 0,03
Golgi-Vesikel (Pflanzenzelle)	0,1– 0,3
Vesikel-Transport im Achsenzylinder von Nervenzellen	1– 10
Plasmaströmung in Wurzelhaaren	2– 16
Plasmaströmung bei Nitella	80–1000

Tabelle 5.7: Dauer der Zellteilung verschiedener Zellen

Werte nach BERKALOFF et coll. 1973, HIRSCH 1966, KUHL 1964, NOUGARÈDE 1969, OPPENHEIMER u. PINCUSSEN 1930

Art und Zelle	Prophase	Metaphase	Anaphase	Telophase	Gesamt
Sonnentierchen	12 Min	3– 6 Min	4 Min		30 Min
Saubohne, Meristem	90 Min	31 Min	34 Min	34 Min	189 Min
Erbse, Endosperm	40 Min	20 Min	12 Min	110 Min	182 Min
Iris, Endosperm	40–60 Min	10–30 Min	12–22 Min	40–75 Min	140 Min
Gräser, Spaltöffnungszellen	36–45 Min	7–10 Min	15–20 Min	20–35 Min	78–110 Min
Molch, Fibroblasten	18 Min	38 Min	26 Min	28 Min	110 Min
Hühnchen, Fibroblasten	45 Min	6 Min	2 Min	10 Min	63 Min
Hühnchen, Mesenchym	30–60 Min	2–10 Min	2– 3 Min	3–12 Min	37– 82 Min
Ratte, Leberzellen	4 Std	10 Min	30 Min	30 Min	5 Std 10 Min
Seeigeleier, Furchung					30– 40 Min
Drosophila-Eier, Furchung	4 Min	30 sec	1 Min	50 sec	6 Min 20 sec

Tabelle 5.8: Größe von Zellkernen

Werte verschiedener Organe und Tiere.

Werte aus DAVID 1977

Art	Organ	Durchmesser in µm	Volumen in µm³
Maus	Leber	10,1	528
	Pankreas	6,4	142
	Herzmuskel	8,8 × 2,3	
	quergestr. Muskel	10,4 × 3,3	
	glatter Muskel	10,2 × 2,2	
Ratte	Nebennieren-Rinde	7,1	187
Meerschweinchen	Spinalganglion	12,0	915
Kaninchen	Spinalganglion	14,8	1678
Katze	Spinalganglion	13,3	1245
Hund	Spinalganglion	13,9	1415
Rind	Spinalganglion	16,5	2338

Fortsetzung →

Art	Organ	Durchmesser in µm	Volumen in µm³
Mensch	Niere	6,2 × 5,5	
	Spinalganglion	14,2	1509
	Lunge, Alveolen	5,8 × 3,7	
Amphibien	Oozyte	480	

Tabelle 5.9: Größe von Mitochondrien verschiedener Organe und Organismen

Nach KLIMA 1967

Art, Organ	Durchmesser in µm	Länge in µm
Euglena	0,5	10,0
Brotschimmel (Neurospora)	0,5	3,0
Hafer, Coleoptilen	0,5	1,0
Wanderheuschrecke, Flugmuskel	1,0	8,0
Schmeißfliege, Flugmuskel	1,0	3,0
Alpenmolch, Chorda	0,3 –0,5	3,0
Sperling, Herzmuskel	1,0	2,0
Ratte, Herzmuskel	0,4 –0,7	1,5
Ratte, Niere, proximaler Tubulus	0,5 –0,7	8,0
Ratte, Rückenmarksneurone	0,2	2,5
Meerschweinchen, Ovar	0,5 –0,75	1,0
Goldhamster, Dünndarm	0,2 –0,25	2,5
Mensch, Dünndarm	0,5 –1,2	2,0
Mensch, Stäbchen der Retina	0,18–0,25	4,0

Tabelle 5.10: Mitochondrien-Menge in Zellen

Angegeben ist das Mitochondrien-Volumen in % des Zellvolumens.

Werte aus DAVID 1977

Art	Organ	% Mitochondrien
Stubenfliege	Flugmuskel	28,2
Wanderheuschrecke	Flugmuskel	30
Stichling	Hypophyse	4,2
Dorsch	rote Muskelfaser	25,39
	weiße Muskelfaser	1,17

Art	Organ	% Mitochondrien
Frosch	Leber	5,38
Taube	Leber	20,02
Igel	Spinalganglion	14,7
Maus	Leber	16,93
	Hypophyse	7,5
	Herz, Ventrikel	47,7
	Herz, Vorhof	34,9
	Leukozyten	3,6
Ratte	Leber	18,38
	Pankreas	7,9
	Niere	37,23
	Herz	35,8
Meerschweinchen	glatte Muskelzelle	4,7
Kaninchen	Leber	11,46
Rind	Leber	17,75
Mensch	Leber	13,22
	Dünndarm	13,34

Tabelle 5.11: DNA-Gehalt diploider Zellkerne

Angegeben ist die DNA-Menge pro Zellkern in pg. Chromosomensätze für Tiere siehe Tabelle 1.9.3, für Pflanzen Tabelle 2.2.9.

Werte nach Berkaloff et coll. 1973, Bresch u. Hausmann 1972, Nagl 1976

Organismus	DNA-Menge des Zellkerns in pg
Escherichia coli (Bakterie)	0,0042
Kiefer	93,8
Tanne	100,0
Weizen	36,2
Roggen	17,7–18,9
Mais	6,6–15,4
Gerste	12,8
Rispengras (Poa annua)	7,0
Küchenzwiebel	33,5
Tradescantie	116,0
Scharbockskraut	19,6
Tabak	13,0
Erbse	9,1
Hirtentäschelkraut	1,7
Sonnenblume	9,8
Heimchen	12,0
Taufliege (Drosophila)	0,2

Fortsetzung →

Organismus	DNA-Menge des Zellkerns in pg
Goldfisch	4,0
Karpfen	3,4
Hecht	1,7
Forelle	4,9
Feuersalamander	85,3
Wasserfrosch	16,8
Erdkröte	15,0
Laubfrosch	11,6
Schildkröte	5,3
Schlangen	5,0
Huhn	2,5
Gans	2,9
Sperling	1,9
Ratte	5,7
Maus	5,0
Meerschweinchen	5,9
Hund	5,3
Rind	6,4
Schaf	5,7
Mensch	5,8

Tabelle 5.12: Größe der DNA verschiedener Organismen

Bei den Organismen mit Chromosomen gelten die Werte für den haploiden Chromosomensatz. Die absolute Menge in pg siehe Tabelle 5.11.

Werte aus Lexikon der Biologie

Art	Länge der DNA	Basenpaare
Mitochondrien-DNA Mensch	5,6 µm	16 569
Mitochondrien-DNA Hefe	25 µm	$7{,}5 \times 10^3$
Chloroplasten-DNA Mais	44 µm	140×10^3
Bakteriophage λ	16,5 µm	48 502
Escherichia coli	1,36 mm	4×10^6
Hefe (Saccharomyces cerevisiae)	4,6 mm	$13{,}5 \times 10^6$
Taufliege (Drosophila melanogaster)	56 mm	160×10^6
Seeigel (Strongylocentrotus purpuratus)	170 mm	800×10^6
Krallenfrosch (Xenopus laevis)	1 m	3×10^9
Säugetiere und Mensch	1 m	3×10^9

Tabelle 5.13: Verhältnis der Basen in der DNA verschiedener Organismen

A = Adenin, T = Thymin, G = Guanin, C = Cytosin.
Beachte, daß die komplementären Basen Adenin und Thymin einerseits und Guanin und Cytosin andererseits in gleicher Menge vorhanden sind.

Werte aus BRESCH u. HAUSMANN 1972, CZIHAK, LANGER u. ZIEGLER 1976

Art	(A + T) : (G + C)
Viren	
Herpes-simplex-Virus	0,47
T2-Phage	1,86
Bakteriophage λ	0,79
Bakterien	
Sarcina lutea	0,35
Mycobacterium tuberculosis	0,60
Escherichia coli	0,93–0,97
Vibrio cholerae	1,31
Bacillus subtilis	1,66
Pflanzen	
Hefe (S. cerevisiae)	1,79
Schwarzschimmel (Asp. niger)	1,00
Euglena gracilis, Zellkern	0,88
Euglena gracilis, Plastiden-DNS	3,23
Weizen	1,19–1,22
Tiere	
Wanderheuschrecke	1,41
Seeigel (Paracentrotus)	1,84
Seeigel (Arbacia)	1,58
Krabbe (Cancer borealis)	17,5
Forelle	1,34
Hering	1,23
Huhn	1,38
Schaf	1,36
Rind	1,30
Pferd	1,33
Mensch	1,40–1,52

Tabelle 5.14: Unterschiede zwischen dem Menschen und verschiedenen Organismen in der Zahl der Aminosäuren am Beispiel des Cytochrom c.
Die Cytochrome gehören zu den ältesten Proteinen und sind aus etwas über 100 Aminosäuren aufgebaut. Die Unterschiede in den Aminosäuren lassen daher auf den Verwandschaftsgrad bzw. die Zeit der Auseinanderentwicklung der sie tragenden Organismen schließen.

Werte aus DICKERSEN u. GEIS 1971

Verglichene Organismen	Zahl der unterschiedlichen Aminosäuren im Cytochrom c
Mensch – Rhesusaffe	1
Mensch – Kaninchen	9
Mensch – Grauwal	10
Mensch – Kuh, Schaf, Schwein	10
Mensch – Känguruh	10
Mensch – Esel	11
Mensch – Hund	11
Mensch – Pekingente	11
Mensch – Pferd	12
Mensch – Huhn, Truthahn	13
Mensch – Pinguin	13
Mensch – Klapperschlange	14
Mensch – Schnappschildkröte	15
Mensch – Ochsenfrosch	18
Mensch – Thunfisch	21
Mensch – Fliege *(Chrysomyia)*	27
Mensch – Seidenspinner	31
Mensch – Weizen	43
Mensch – Bäckerhefe	45
Mensch – Schlauchpilz *(Neurospora crassa)*	48
Mensch–Hefe *(Candida krusei)*	51

Literatur

Abderhalden, R.: Die Wirkstoffe: Vitamine, Hormone und Fermente. In: Bertalanffy, L. v. (Hrsg.): Handbuch der Biologie, Bd. II, Frankfurt 1966.

Altman, Ph. L. u. D. S. Dittmer (Hrsg.): Environmental Biology. Bethesda 1966.

Altman, Ph. L. u. D. S. Dittmer (Hrsg.): Respiration and Circulation. Bethesda 1971.

Altman, Ph. L. u. D. S. Dittmer (Hrsg.): Biology Data Book. Bd. I – III, 2. Aufl., Bethesda 1972 – 1974.

Amann, G.: Kerfe des Waldes. 7. Aufl., Melsungen 1976.

Andreae, B.: Räumliche Grenzen des Nahrungsspielraums, Naturw. Rdsch. 29, 11, 1976.

Aurich, H.: Laboratorium des Lebens. Köln 1978.

Austin, C. R.: Die Befruchtung. Stuttgart 1967.

Austin, C. R. u. R. V. Short: Fortpflanzungsbiologie der Säugetiere. Berlin 1978.

Autrum, H.: Über Energie- und Zeitgrenzen der Sinnesempfindungen. Die Naturw. 35, 361 369, 1948.

Bassus, W.: Gifte im Tierreich. Die Neue Brehm Bücherei 354, Wittenberg 1965.

Bauer, H. Chr., Hofer, R., Knapp, W. u. H. Moser: Zoologische Experimente. München 1974.

Bauer, R. D., Pasch, Th. u. E. Wetterer: Biomechanik des Blutkreislaufs. In: Hoppe et al.: Biophysik. Heidelberg 1977.

Bechtel, H., Cribb, Ph. u. E. Launert: Orchideenatlas. Stuttgart 1980.

Bellairs, A.: Die Reptilien. In: Die Enzyklopädie der Natur, Bd. 10 u. 11. Lausanne 1971.

Berkaloff, A., Bourguet, J., Favard, P. u. M. Guinnebault: Biologie und Physiologie der Zelle. Braunschweig 1973.

Berndt, R. u. W. Meise: Naturgeschichte der Vögel. Stuttgart 1959.

Bertelsmann Lexikon-Institut: Biologie. Daten und Fakten zum Nachschlagen. Gütersloh 1979.

Beltz-Praxis: Versuche zum Umweltschutz. 2. Aufl., Weinheim u. Basel 1974.

Bogner, H. u. H.-Chr. Ritter (Hrsg.): Tierproduktion. Ulmers Taschenbücher. Stuttgart 1976.

Brauner, L.: Einführung in die Physikalische Chemie der Pflanzenzelle. In: Bertalanffy, L. v.: Handbuch der Biologie I/1. Konstanz 1965.

Bresch, C. u. R. Hausmann: Klassische und molekulare Genetik. 3. Aufl., Berlin 1972.

Brink, F.H. van den: Die Säugetiere Europas. Hamburg 1975.

Brohmer, P.: Fauna von Deutschland. 14. Aufl., Heidelberg 1977.

Brouwer, W.: Handbuch des speziellen Pflanzenbaus. Berlin u. Hamburg 1972.

Bruggaier, W. u. D. Kallus: Biologie des Menschen. Frankfurt 1973.

Buddenbrock, W. v.: Grundriß der vergleichenden Physiologie. Bd. I – VI., Berlin 1924, Basel 1956 – 1967.

Buddenbrock, W. v.: Wie orientieren sich die Tiere. Stuttgart 1956.

Bünning, E.: Entwicklungs- und Bewegungsphysiologie der Pflanze. Berlin, Göttingen, Heidelberg 1953.

Cochran, D.M.: Knaurs Tierreich in Farben: Amphibien. München 1970.

Creutz, G.: Geheimnisse des Vogelzugs. 5. Aufl. Die Neue Brehm Bücherei 75, Wittenberg 1965.
Csicsáky, M.: Vogel und Flugzeug: Wie weit geht die Analogie? BIUZ 14/2, 48 – 52) 1984.
Czihak, G., Langer, H. u. H. Ziegler (Hrsg.): Biologie. Berlin, Heidelberg, New York 1976.
David, H.: Quantitative Ultrastructural Data of Animal and Human Cells. Stuttgart, New York 1977.
Deutscher Jagdschutz-Verband: DJV-Handbuch 1978. Mainz 1978.
Dickersen, R.E. u. I. Geis: Struktur und Funktion der Proteine. Weinheim 1971.
Die Roten Listen (Hrsg. E. Jedicke). Stuttgart 1997.
Dittmer, D.S. u. R.M. Grebe (Hrsg.): Handbook of Respiration. Philadelphia u. London 1958.
Documenta Geigy: Wissenschaftliche Tabellen. Stuttgart 1975.
Dorst, J.: Das Leben der Vögel. In: Die Enzyklopädie der Natur, Bd. 12 u. 13. Lausanne 1972.
Dorst, J. u. P. Dandelot. Säugetiere Afrikas. Hamburg u. Berlin 1973.
Ebel, F. u. O. Birnbaum: Schöne und seltsame Welt der Orchideen. Tübingen 1971.
Ellenberg, H.: Vegetation Mitteleuropas mit den Alpen in ökologischer Sicht. 2. Aufl. Stuttgart 1978.
Fahrenberger, G. u. J. Müller: Luft und Wasser in Gefahr. Göttingen 1972.
Farmer, J.B.: On the Quantitative Differences in the Water-Conductivity of the Wood in Trees and Shrubs. Teil I u. II. Proc. Roy. Soc., B, 90, 218 – 250, 1918.
Florey, E.: Lehrbuch der Tierphysiologie. Stuttgart 1970.
Francois, J. u. F. Hollwich: Augenheilkunde in Klinik und Praxis. Stuttgart 1977.
Frank, W.: Parasitologie. Stuttgart 1976.
Franke, W.: Nutzpflanzenkunde. Stuttgart 1976.
Franz, E.: Der Flug der Insekten. Natur und Volk 89, 1959.
Ganong, W.F.: Medizinische Physiologie. 2. Aufl. Berlin, Heidelberg 1972.
Gauer, O.H., Kramer, K. u. R. Jung (Hrsg.): Physiologie des Menschen. München???
Geßner, F.: Die Leistungen des pflanzlichen Organismus. In: Bertalanffy: Handbuch der Biologie Bd. IV. Potsdam 1942.
Giersberg, H. u. P. Rietschel: Vergleichende Anatomie der Wirbeltiere. Jena 1968.
Götz, A. u. J. Konrad: Pflanzenbau. Landwirtschaftliches Lehrbuch I. 5. Aufl. Stuttgart 1977.
Graf, J.: Tafelwerk zur Pflanzensystematik. J.F. Lehmanns, München 1975.
Grafe, A.: Viren. Parasiten unseres Lebensraumes. Heidelberger Taschenbücher 192. Berlin, Heidelberg, New York 1977.
Greulach, V.A. u. J.E. Adams: Plants – An Introduction to Modern Botany. New York, London 1962.
Grimme, L.H.: Biologische und biotechnologische Beiträge zur Welternährungslage. Naturw. Rdsch. 28, 5, 1975.
Grzimek, B. (Hrsg.): Grzimeks Tierleben. Zürich 1970.
Guttenberg, H. v.: Lehrbuch der allgemeinen Botanik. 6. Aufl. Berlin 1963.
Haas, J.: Der Ursprung des Lebens. München 1964.
Hager, P.: Vom Leben des Ackers. Stuttgart 1960.
Halstead, L.B.: Die Welt der Dinosaurier. Hamburg 1975.
Haltenorth, Th.: Die Stämme des Tierreichs. III. In: Bertalanffy u. F. Geßner: Hand-

buch der Biologie, Bd. VI/3. Wiesbaden 1977.
Haltenorth, Th.: Rassehunde – Wildhunde. Winters Naturw. Taschenb. Heidelberg 1958.
Haltenorth, Th. u. W. Trense: Das Großwild der Erde und seine Trophäen. Bonn, München, Wien 1956.
Hanf, M.: Die Ackerunkräuter und ihre Keimlinge. Limburgerhof, o.J.
Hanke, W., Hamdorf, K., Horn, E. u. C. Schlieper: Praktikum der Zoophysiologie. Stuttgart, New York 1977.
Harrison, C.: Jungvögel, Eier und Nester aller Vögel Europas, Nordafrikas und des Mittleren Ostens. Hamburg 1975.
Harms, J.W.: Der Lebenslauf der Tiere. In: Bertalanffy (Hrsg.): Handbuch der Biologie Bd. II. Frankfurt 1966.
Heberer, G.: Homo – unsere Ab- und Zukunft. Stuttgart 1968.
Hegi, G.: Illustrierte Flora von Mittel-Europa. 2. Aufl. München 1965.
Heidermanns, C.: Grundzüge der Tierphysiologie. 2. Aufl. Stuttgart 1957.
Heinroth, O.: Aus dem Leben der Vögel. Verst. Wiss. 34, Berlin 1955.
Heller, R.: Biologie végétale. Bd. II: Nutrition et métabolisme. Paris 1969.
Hertel, H.: Struktur, Form, Bewegung. Mainz 1963.
Herter, K.: Der Temperatursinn der Tiere. Die Neue Brehm Bücherei 295, Wittenberg 1962.
Herzog, K.: Anatomie und Flugbiologie der Vögel. Stuttgart 1968.
Hess, H.E., Landolt, E. u. R. Hirzel: Flora der Schweiz. Basel u. Stuttgart 1967.
Heynert, H.: Grundlagen der Bionik. Heidelberg 1976.
Heywood, V.H. (Hrsg.): Flowering Plants of the World. Oxford 1978.
Higgins, L.G. u. N.D. Riley: Die Tagfalter Europas und Nordwestafrikas. Hamburg u. Berlin 1971.
Hirsch, G.Chr.: Dynamik der tierischen Zelle. In: Bertalanffy, L. v.: Handbuch der Biologie, Bd. I/1. Konstanz 1965.
Hirsch, G.Chr.: Die Zellorganellen und ihre Zusammenarbeit. In: Bertalanffy, L. v.: Handbuch der Biologie, Bd. I/2. Frankfurt 1966.
Hirsch, G.Chr.: Die Lebensäußerungen der Tiere. In: Bertalanffy, L. v.: Handbuch der Biologie, Bd. V. Wiesbaden 1977.
Hoeher, S.: Gelege der Vögel Mitteleuropas. Melsungen 1972.
Hofmeister, H.: Lebensraum Wald. München 1977.
Jakobs, W. u. M. Renner: Taschenlexikon zur Biologie der Insekten. Stuttgart 1974.
Jensen, W.A. u. F.B. Salisbury: Botany: An Ecological Approach. Belmont 1972.
Kästner, A.: Lehrbuch der Speziellen Zoologie. Stuttgart 1973.
Karcher, H.L.: Wie ein Ei dem anderen. München u. Zürich 1975.
Karlson, P.: Kurzes Lehrbuch der Biochemie. 11. Aufl. Stuttgart 1980.
Katz, B.: Nerv, Muskel und Synapse. Stuttgart 1971.
Kaussmann, B.: Pflanzenanatomie. Jena 1963.
Keidel, W.D.: Kurzgefaßtes Lehrbuch der Physiologie. Stuttgart 1970.
Kemper, H. u. E. Döhring: Die sozialen Faltenwespen Mitteleuropas. Berlin u. Hamburg 1967.
Kerner v. Marilaun, A.: Pflanzenleben. Bd. I u. II., 2. Aufl. Leipzig u. Wien 1896, 1898.
Kleiber, M.: Der Energiehaushalt von Mensch und Haustier. Hamburg 1967.
Klima, J.: Cytologie. Stuttgart 1967.

Koenigswald, G. v.: Die Geschichte des Menschen. Verst. Wiss. 74, Berlin 1960.
Kolb, E. (Hrsg.): Lehrbuch der Physiologie der Haustiere. 3. Aufl. Stuttgart 1974.
Korschelt, E.: Lebensdauer, Altern und Tod. 3. Aufl. Jena 1924.
Kosmos-Lexikon der Naturwissenschaften. Stuttgart 1953.
Kraus, O. u. K. Kubitzky: Biologische Systematik. Denkschrift der DFG. Weinheim 1982,
Kremer, B.P.: Stoffwechselstrategie und Produktivität der großen Meeresalgen. Naturw. Rdsch. 33, 4, 1980.
Krumbiegel, J.: Von Haustieren und ihrer Geschichte. Stuttgart 1947.
Krumbiegel, J.: Biologie der Säugetiere. Krefeld 1953 1955.
Krumbiegel, J.: Einhufer. Die Neue Brehm Bücherei 208, Wittenberg 1958.
Kuhn-Schnyder, E.: Die Saurier der Trias. Stuttgarter Beitr. zur Naturkunde, Ser. C, Nr. 1. Stuttgart 1974.
Kuhn, O.: Lurche und Kriechtiere der Vorzeit. Die Neue Brehm Bücherei 217, Wittenberg 1958.
Kunstýr, I., Schiel, R., Kaup, F.J., Uhr, G. u. H. Kirchhoff: Giant Gram-Negative Noncultivable Endospore-Forming Bacteria in Rodent Intestines. Naturwissenschaften 75, 525 – 527, 1988.
Ladiges, W. u. D. Vogt: Die Süßwasserfische Europas. Hamburg 1965.
Laget, P.: Biologie et physiologie des éléments nerveux. Paris 1970.
Lampeitl, F.: Bienen halten, eine Einführung in die Imkerei. München 1982.
Langmann, J.: Medizinische Embryologie. Stuttgart 1976.
Larcher, W.: Ökologie der Pflanzen. 2. Aufl. UTB 232, Stuttgart 1976.
Laskin, A.J. u. H.A. Lechevalier (Hrsg.): Handbook of Microbiology. Cleveland 1973.
Lehmann, K.: Zum Alter von Testudo (Asterochelys) radiata in Gefangenschaft II (Testudines: Testudinidae). Salamandra 22, 281 – 282, 1986.
Lehnartz, E.: Die chemischen Voraussetzungen des Lebens. In: Bertalanffy, L. v.: Handbuch der Biologie, Bd. I/1. Konstanz 1965.
Leukeit, W., Breirem, K. u. E. Crasemann (Hrsg.): Handbuch der Tierernährung. Hamburg 1969.
Lexikon der Biologie. Freiburg 1983 – 87.
Libbert, E.: Lehrbuch der Pflanzenphysiologie. 3. Aufl. Stuttgart 1979.
Lötschert, W.: Pflanzen an Grenzstandorten. Stuttgart 1969.
Lofts, B. (Hrsg.): Physiology of the Amphibia. New York 1976.
Lüttschwager, J.: Die Drontevögel. Die Neue Brehm Bücherei 276, Wittenberg 1961.
Lundegardh, H.: Pflanzenphysiologie. Jena 1960.
Madle, H.: Lehrbuch der Naturwissenschaften. Bd. 1: Biologie. Stuttgart 1967.
Mann, D.: Rekorde der Tierwelt. München u. Berlin 1979.
Mauch, H. u. K. Lauber: Unsere Pilze. Hallwag Taschenbuch 10, 2. Aufl. Bern 1975.
McGregor, P. u. H. Edwards: Reitpferde. Wiesbaden 1976.
Mebs, D.: Hauttoxine bei Farbfröschen. Naturw. Rdsch. 32, 7, 1979.
Mengel, K.: Ernährung und Stoffwechsel der Pflanze. Stuttgart 1968.
Merck: Labormethoden des praktischen Arztes. Darmstadt 1966.
Mertens, R.: Die Lurche und Kriechtiere des Rhein-Main-Gebietes. Frankfurt 1947.
Metzner, H. (Hrsg.): Die Zelle, Struktur und Funktion. Stuttgart 1966.
Meyers Handbuch über Mensch, Tier und Pflanze. Mannheim 1964.
Michael, E., Hennig, B. u. H. Kreisel: Handbuch für Pilzfreunde. 3. Aufl. Jena 1978.

Michaelis, H.J.: Der Wellensittich. Die Neue Brehm Bücherei 244, Wittenberg 1974.
Michel, G.: Kompendium der Embryologie der Haustiere. 4. Aufl. Stuttgart 1986.
Mitchell, H.H., Hamilton, T.S., Steggerda, F.R. u. H.W. Bean: Chemical Composition of the Adult Human Body and its Bearing on the Biochemistry of Growth. J. Biol. Chem. 158, 625 – 637, 1945.
Molisch, H.: Botanische Versuche ohne Apparate. 4. Aufl. Stuttgart 1965.
Mossmann, D.J. u. W.A.S. Sarjeant: Fossile Fährten – den Dinosauriern auf der Spur. Spektrum der Wiss. 1983/3, 68 – 79.
Mühlenberg, M.: Freilandökologie. UTB 595, Heidelberg 1976.
Müller-Schneider, P.: Verbreitungsbiologie der Blütenpflanzen. Veröff. Geobot. Inst. ETH Zürich 1977.
Nachtigall, W.: Biostatik. In: Hoppe et al.: Biophysik. Heidelberg 1977.
Nachtigall, W.: Unbekannte Umwelt. Hamburg 1979.
Nagl, W.: Zellkern und Zellzyklen. Stuttgart 1976.
Niethammer, J.: Säugetiere. UTB 732, Stuttgart 1979.
Nigon, V. u. W. Lueken: Vererbung. Allgemeine Biologie, Bd. 4. Stuttgart 1976.
Nilsson, S., Praglowski, J. u. L. Nilsson: Atlas of Airborne Pollen Grains and Spores in Northern Europe. Stockholm 1977.
Norman, J.R. u. F.C. Fraser: Riesenfische, Wale und Delphine. Hamburg 1963.
Nüßlein, F.: Jagdkunde. München 1977.
Oppenheimer, C. u. L. Pincussen: Tabulae biologicae. Bd. I – V. Berlin 1925 – 1927.
Otte, H.J. u. H. Brandis: Lehrbuch der Medizinischen Mikrobiologie. 4. Aufl. Stuttgart 1978.
Penzlin, H.: Lehrbuch der Tierphysiologie. 2. Aufl. Stuttgart 1977.
Perrey, F.: Blumen der Welt. Freiburg 1972.
Pflugfelder, O.: Lehrbuch der Entwicklungsgeschichte und Entwicklungsphysiologie der Tiere. Jena 1962.
Pisek, A. u. E. Berger: Kutikuläre Transpiration und Trockenresistenz isolierter Blätter und Sprosse. Planta 28, 124 – 155, 1938.
Platt, D.: Biologie des Alterns. Heidelberg 1976.
Portmann, A.: Die Stellung des Menschen in der Natur. In: Bertalanffy: Handbuch der Biologie IX, Konstanz 1965.
Portmann, A.: Einführung in die vergleichende Morphologie der Wirbeltiere. Basel u. Stuttgart 1959.
Precht, H., Christophersen, J. u. H. Hensel: Temperatur und Leben. Berlin 1955.
Prosser, C.L. (Hrsg.): Comparative Animal Physiology. 3. Aufl. Philadelphia, London, Toronto 1973.
Rahmann, H.: Die Sehschärfe bei Wirbeltieren. Naturw. Rdsch. 20, 1, 8 – 14, 1967.
Rein, H. u. M. Schneider: Einführung in die Physiologie des Menschen. 16. Aufl. Berlin 1971.
Remane, A., Storch, V. u. U. Welsch: Kurzes Lehrbuch der Zoologie. 5. Aufl. Stuttgart 1985.
Riesner, D.: Viroide – die kleinsten infektiösen Krankheitserreger. Med. i. u. Z. 3, 158 165, 1979.
Rohrlich, M. u. G. Brückner: Das Getreide. 2. Aufl. Berlin u. Hamburg 1967.
Rororo-Pflanzenlexikon. Reinbeck 1976/77.
Rucker, E.: Der Mensch in Zahlen. München 1967.
Saller, K.: Leitfaden der Anthropologie. 2. Aufl. Stuttgart 1964.

Sanderson, I.T.: Säugetiere. Das Tierbuch in Farben. München u. Zürich 1956.
Schäfer, K.E.: Physiologische Anpassung bei Meeressäugetieren. In: Überleben auf See. II. Marinemedizinisch-Wissenschaftliches Symposium in Kiel. Kiel 1968.
Scharf, K.-H. u. W. Weber: Cytologie. Materialien für die Sekundarstufe II Biologie. Hannover 1976.
Schlegel, H.G.: Allgemeine Mikrobiologie. 4. Aufl. Stuttgart 1976.
Schlieper, C., in Fortschritte der Zoologie 9, 1952.
Schmeil, O. u. A. Seybold: Lehrbuch der Botanik. Bd. II. 57. Aufl. Heidelberg 1958.
Schmidt, R.F. (Hrsg.): Grundriß der Neurophysiologie. 3. Aufl. Heidelberger Taschenbücher 96, Berlin, Heidelberg, New York 1974.
Schmidt, K.P. u. R.F. Inger: Reptilien. Das Tierbuch in Farben. München, Zürich 1957.
Schmidt, W.: Über die absolute Größe biologischer Systeme. BIUZ 14(3), 65 – 71, 1984.
Schopfer, P.: Experimente zur Pflanzenphysiologie. Freiburg 1970.
Schüz, E.: Grundriß der Vogelzugkunde. 2. Aufl. Berlin u. Hamburg 1971.
Schultz, A.H.: Die Primaten. In: Die Enzyklopädie der Natur, Bd. 18, Lausanne 1972.
Schutzgemeinschaft Deutscher Wald: Informationen der Schutzgemeinschaft Deutscher Wald 1967.
Schwerdtfeger, Fr.: Ökologie der Tiere. Hamburg 1975.
Schwidetzki, I.: Die neue Rassenkunde. Stuttgart 1962.
Schwidetzki, I.: Variations- und Typenkunde des Menschen. In: Bertalanffy (Hrsg.): Handbuch der Biologie. Bd. IX. Konstanz 1965.
Sengbusch, P. v.: Molekular- und Zellbiologie. Berlin 1979.
Siebeck, O.: Photorezeptoren und Photorezeption. In: Bertalanffy (Hrsg.): Handbuch der Biologie. Bd. V, Wiesbaden 1977.
Siedentop, W. u. R. Flindt: Arbeitskalender für den biologischen Unterricht. 3. Aufl. Heidelberg 1977.
Siewing, R. (Hrsg.): Evolution. UTB 748. Stuttgart 1978.
Siewing, R. (Hrsg.): Lehrbuch der Zoologie. Bd. I, 3. Aufl. Stuttgart, New York 1980.
Slijper, J.E.: Riesen und Zwerge im Tierreich. Hamburg 1967.
Smolik, H.-W.: Rororo-Tierlexikon. Gütersloh 1968.
Snell, F.M., Shulmann, S., Spencer, R.P. u. C. Moos: Biophysikalische Grundlagen von Struktur und Funktion. Bd. I. Stuttgart 1968.
Souci, S.W., Fachmann, W. u. H. Kraut: Die Zusammensetzung der Lebensmittel. Nährwerttabellen. Stuttgart 1981.
Spector, W.S. (Hrsg.): Handbook of Biological Data. Philadelphia u. London 1956.
Starck, D.: Die Evolution der Organismen. 3. Aufl. Stuttgart 1974.
Starck, D.: Embryologie. 3. Aufl. Stuttgart 1975.
Starck, D.: Vergleichende Anatomie der Wirbeltiere auf evolutionsbiologischer Grundlage. Berlin, Heidelberg, NewYork 1982.
Starck, D., Fiedler, K., Harth, P. u. J. Richter: Biologie. Weinheim 1981.
Steitz, E.: Die Evolution des Menschen. Taschentext 16. 2. Aufl. Weinheim 1979.
Steward, F.C. (Hrsg.): Plant Physiology. Bd. I – IV. New York u. London 1959 f.
Stiles, W. u. E.C. Cocking: An Introduction to the Principles of Plant Physiology. 3. Aufl. London 1969.
Storch, V. u. U. Welsch: Systematische Zoologie. 4. Aufl., Stuttgart, New York 1991.
Strasburger, E.: Lehrbuch der Botanik. 32. Aufl. Stuttgart 1983.

Stresemann, E.: Exkursionsfauna von Deutschland, Band Wirbeltiere. Berlin 1961.
Sturkie, P.D. (Hrsg.): Avian Physiology. 3. Aufl. New York, Heidelberg, Berlin 1976.
Tanner, W.: Altern und Tod aus der Sicht der Biologie. BIUZ Jg. 10, 1980.
Thimann, K.V.: Das Leben der Bakterien. Jena 1964.
Ulbrich, E.: Biologie der Früchte und Samen. Berlin 1928.
Vangerow, E.F.: Wandel der Erdatmosphäre und die Entwicklung des Lebens. In: Ditfurth, H. v. (Hrsg.): Evolution. Hamburg 1975.
Velhagen, K. (Hrsg.): Der Augenarzt. Bd. II. Leipzig 1972.
Verbraucherdienst informiert: Grundlagen der Ernährung. Bonn 1979.
Walter, H.: Einführung in die Phytologie. Bd. I. Stuttgart 1963.
Weber, H.: Grundriß der Insektenkunde. Stuttgart 1966.
Weide, H. u. H. Aurich: Allgemeine Mikrobiologie. Stuttgart 1979.
Weismann, E.: Die Entwicklung und Kindheit der Tiere. Dynamische Biologie 4. Ravensburg 1976.
Whittow, G.C. (Hrsg.): Comparative Physiology of Thermoregulation. Bd. I. New York u. London 1970.
Wood, G.L.: The Guinness Book of Animal Facts and Feats. 3. Aufl. Enfield 1982.
Wunderlich, K. u. W. Gloede: Natur als Konstrukteur. Leipzig 1977.
Ziegler, H.: Flüssigkeitsströme in Pflanzen. In: Hoppe et al.: Biophysik. Heidelberg 1977.
Ziswiler, V.: Wirbeltiere. Bd. I u. II. Stuttgart 1976.

Sachregister

Namensregister